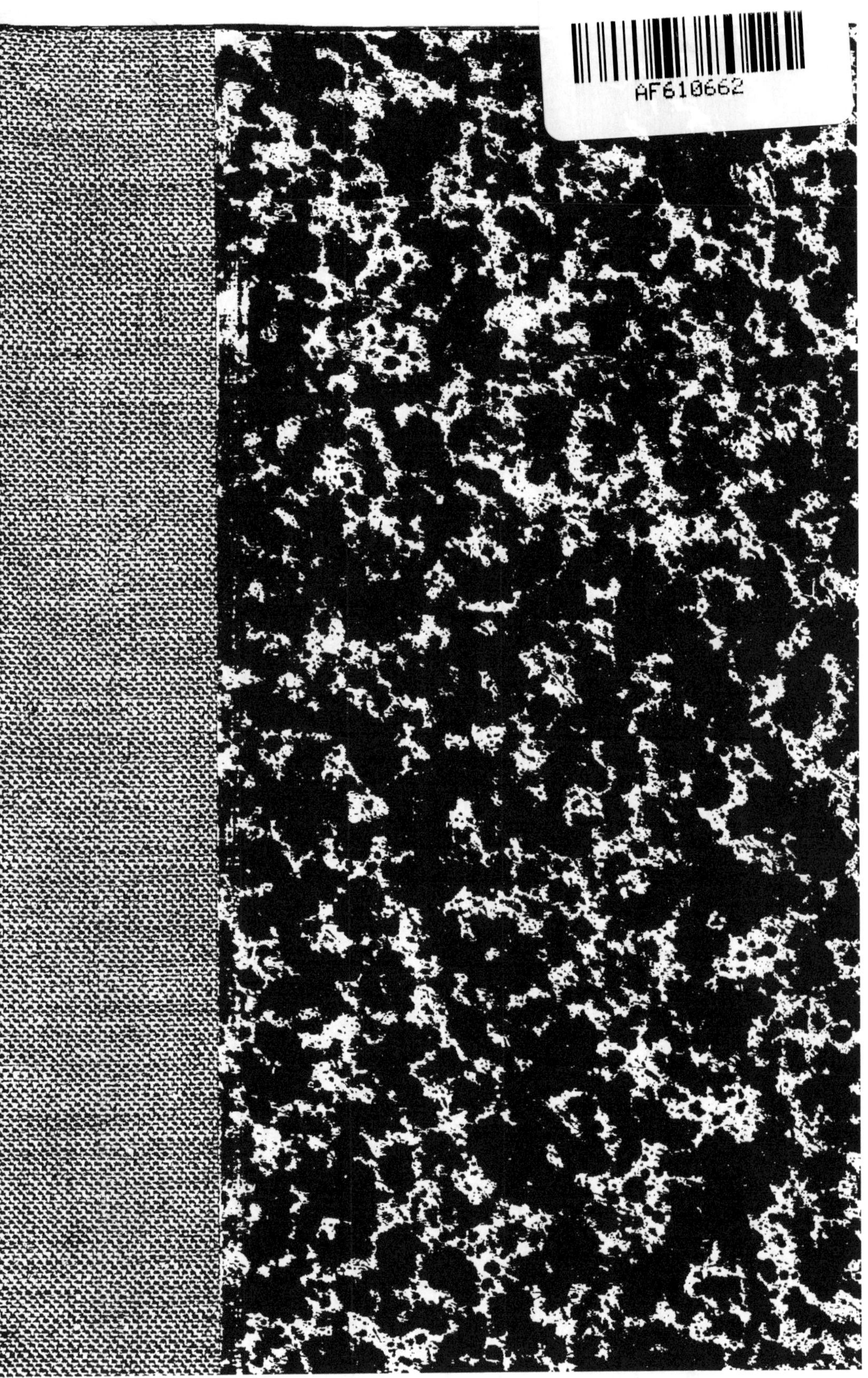

MIZRAÏM

SOUVENIRS D'ÉGYPTE

PAR

GODEFROID KURTH

BRUXELLES
ALBERT DEWIT, ÉDITEUR, RUE ROYALE, 53

1912

MIZRAÏM

SOUVENIRS D'ÉGYPTE

PAR

GODEFROID KURTH

BRUXELLES
ALBERT DEWIT, ÉDITEUR, RUE ROYALE, 53

—

1912

IMP. LAMBERT-DE ROISIN, RUE DE L'ANGE, 28, NAMUR.

A

MONSIEUR ET MADAME ALEXANDRE DELMER

EN TÉMOIGNAGE

D'AFFECTION FRATERNELLE

G. K.

MIZRAÏM

CHAPITRE I.

DE ROME A BARI.

Partis de Rome le 14 février, au train de sept heures quarante du matin, nous avons refait sur la ligne de Naples un itinéraire qui nous était familier. Nous saluons au passage les localités que nous aimons : Frascati qui sourit au milieu de ses vignobles, Frosinone pittoresquement groupée sur sa montagne, Aquino qui a donné au monde Juvénal et saint Thomas d'Aquin, Mont-Cassin, ruche féconde d'où la vie monastique a essaimé sur tout l'Occident, Capoue qui rappelle le souvenir d'Annibal, Caserte enfin.... Ah mais non! Caserte n'appartient pas à cette liste; je l'appellerais plus volontiers caserne, car son froid et ennuyeux château royal n'est pas autre chose à le voir d'ici.

C'est à Caserte que nous quittons la ligne de Naples pour nous engager dans l'intérieur.

La première rencontre que nous faisons en cours de route est celle d'un gigantesque aqueduc à trois étages, haut de 65 mètres et long de 40 kilomètres, qui fut bâti au XVIIIe siècle par Charles III, pour conduire les eaux à son château. Que voilà bien ce Bourbon cher aux « philosophes » de son temps! Il rivalise comme bâtisseur avec les empereurs romains; seulement, leurs aqueducs sont destinés à l'utilité publique, les siens, à l'agrément de sa villégiature. J'imagine que les « philosophes » eux-mêmes lui en auraient su médiocrement gré, s'il n'avait conquis un titre plus sérieux à leur admiration : devenu roi d'Espagne, il expulsa les jésuites avec des raffinements de barbarie; du coup, le voilà passé bienfaiteur de ses peuples!

Notre itinéraire à partir de Caserte a été fort monotone. La belle Italie n'est pas belle partout et les amateurs de pittoresque ne trouveront guère leur compte ici. Jusqu'à Foggia, les Apennins ne sont plus que des plateaux où tout manque : les maisons, les arbres, l'eau, les contours. Vous y chercheriez en vain ce qui fait le charme ordinaire du paysage italien : la noblesse et la fermeté des lignes. De ci, de là, vous rencontrez un troupeau de moutons, gardé par un pâtre à l'air mélancolique, dont la casaque, si elle pouvait parler, raconterait des épopées d'intempéries. C'est bien le pays des *latifonds* tels que le décrivait déjà Pline l'Ancien : le grand propriétaire y a remplacé la population par des troupeaux, dont les gardiens sont moitié bergers, moitié brigands. Du moins ils étaient tels alors; je m'en voudrais de croire qu'ils n'ont pas changé.

Bénévent nous apparaît, longuement étalée sur une croupe sans caractère : elle ne nous arrête pas, car on nous y ferait boire un produit alcoolique nommé *Strega* (sorcière); beau nom de poison, en vérité! L'uniformité du spectacle, quand nous arrivons dans les environs de Foggia, revêt un nouveau caractère sans gagner plus d'intérêt : le panorama est formé d'une immense plaine verte et nue, semée par intervalles de grandes taches blanches : ce sont des constructions basses et d'aspect prosaïque qui servent d'abris aux moutons et qu'on prendrait pour des fermes en ruines. La nuit qui tombait quand nous quittions la gare de Foggia ne nous permit pas de nous rendre compte du paysage jusqu'à Bari.

J'eus le loisir, pendant cette dernière partie de l'itinéraire, de ruminer les souvenirs classiques évoqués par ce voyage. Horace l'a fait il y a dix-neuf siècles et nous en a laissé une description piquante. Je doute que la contrée fût plus belle de son temps que du nôtre, et le poète ne semble pas s'être préoccupé outre mesure de son cachet esthétique; il se souvient qu'il y a trouvé de l'eau en abondance et du pain d'excellente qualité, et il nous régale du récit des petits incidents de la route. Cela ne laisserait pas d'avoir un certain agrément si le récit n'était souillé par un épisode qui produit une impression de dégoût pour le poète et son œuvre.

Il était nuit noire quand nous arrivâmes dans la « poissonneuse Bari ».

CHATITRE II.

BARI.

J'attendais quelque chose de ma visite à Bari. Bari est un des plus anciens noms médiévaux qui aient émergé de la nuit de nos origines : il marque une date de l'histoire moderne. Comme Venise, comme Amalfi, Bari est un de ces petits états municipaux qui ont précédé l'ère des communes : ils plongent encore en plein milieu byzantin, mais ils sont déjà travaillés par de puissantes aspirations à l'autonomie et ils annoncent un monde nouveau. La ville a eu ses heures de gloire. Le siège qu'en fit l'empereur Louis II en 871 pour l'enlever aux Sarrazins aurait pu être pour l'Italie, s'il avait rencontré un Homère, ce que le siège de Troie fut pour les Grecs : le point de départ d'une Iliade. Ce fut, tout au moins, une croisade avant la lettre : toute l'Europe se passionna pour l'entreprise, et le descendant de Charlemagne se couvrit de gloire pour l'avoir menée à bonne fin. Mais l'Homère n'est pas venu, et le siège de Bari n'intéresse plus que quelques érudits.

Le plan de Bari, tel que le donnait mon Baedeker, était plein de promesses pour un œil habitué à lire ce genre de documents entre les lignes. On y voyait une espèce de diptyque. D'un côté, une vaste ville à la moderne, bâtie en échiquier avec larges rues tirées au cordeau, insignifiantes et sans style : c'est bien, c'est confortable, on y logera! Mais, tout contre la ville moderne, ce promontoire triangulaire sur la mer, avec la délicieuse irrégularité de ses rues étroites, avec son château du temps de Frédéric II qui en protège l'entrée, avec sa cathédrale et son église Saint-Nicolas où reposent les ossements du grand thaumaturge de Myra, ce sera un charme pour les yeux et pour l'esprit....

Aussi, dès le lendemain matin, j'étais dans la vieille ville. Elle est séparée de la nouvelle par une place publique sur laquelle s'élève la statue de Piccinni. La rencontre de ce bonhomme avec sa perruque à queue me rappelle je ne sais quels souvenirs de l'autre monde. Vous souvient-il du temps où sa rivalité avec Glück passionnait la société française? On était Glückistes ou Piccinnistes comme, quelques années plus tard, on était royalistes ou républicains.

Je passe à côté de l'imposante forteresse de Frédéric II, convertie en caserne et, presque aussitôt, je suis en présence de la cathédrale. Hélas! quelle déception! Le vénérable sanctuaire du XIe siècle, dans quel état on nous l'a mis! D'affreuses fenêtres style Louis XV ont éventré sa noble façade, et l'intérieur a été peinturluré outrageusement par un badigeonneur de village. Il faut passer derrière l'édifice pour retrouver la beauté sévère de l'architecture aux murs extérieurs du chœur : le rococo n'a pas daigné pénétrer dans la ruelle un peu sombre qui le masque, et c'est à cette circonstance qu'il doit d'avoir été épargné.

Pour me consoler, j'ai gagné Saint-Nicolas. On y arrive par un dédale de ruelles infectes, dont l'horrible saleté n'a de rivale nulle part à ma connaissance. Il faut se boucher le nez et, si possible, fermer les yeux quand on s'y engage, à travers les détritus en pourriture, les déjections innommables, les émanations nauséeuses. Là vit et grouille une population au teint pâle et maladif, qui semble familiarisée avec la promiscuité de l'ordure et qui a fait un cloaque immonde de la fière cité médiévale si pleine de souvenirs. Cela fait peu d'honneur à la municipalité de Bari, d'avoir transformé cette ville historique en un ghetto de la misère et de la laisser périr insensiblement dans la crasse et dans l'infection.

Me voici enfin, au bout d'une pérégrination pour laquelle il m'eût fallu des échasses et des désinfectants, devant l'église Saint-Nicolas. Elle s'élève au milieu d'une vaste cour qui l'isole heureusement de la ville empuantie, et constitue une véritable immunité de l'histoire et de l'art. Le monument, qui est du XIe siècle, surgit comme la vision d'un passé lointain, plein d'héroïsme et de poésie. Plus beau, plus complet, mieux conservé que la cathédrale, il occupe l'emplacement du palais où séjournait le catapan byzantin. On sait qu'il fut édifié pour servir de sanctuaire aux reliques de saint Nicolas, que d'audacieux navigateurs barisiens étaient allés enlever à Myra et qu'ils reportèrent en triomphe chez eux. Cette expédition est le grand souvenir de Bari; ceux qui en avaient fait partie furent de nouveaux Argonautes, conquérants d'un trésor plus précieux que la Toison d'or. Ils ne voulurent pas rompre le lien que l'héroïque aventure avait noué entre eux, et ils se constituèrent en une espèce de gilde qui eut bientôt la haute main sur la ville. On voit encore aux murs extérieurs de l'édifice les monuments funéraires de plusieurs familles barisiennes dont les ancêtres avaient été du voyage de Myra : ce sont, pour leurs descendants, des archives de pierre d'une valeur illimitée.

L'intérieur de l'église est malheureusement gâté par des arcades transversales qu'il a fallu élever pour consolider l'édifice ébranlé autrefois par un tremblement de terre. Nous sommes descendus immédiatement dans la crypte, où, sous un autel tout revêtu de reliefs d'argent, repose le vieil ami de tous les enfants catholiques. C'était ici un des grands pèlerinages de l'Occident; on y venait comme on va aujourd'hui à Lourdes. « Beaucoup, écrivait alors l'*Imitation*, courent çà et là pour visiter les reliques des saints; ils s'agenouillent devant leurs autels, ils s'émerveillent d'entendre lire leurs vies, ils admirent les majestueux édifices de leurs temples, et ils baisent avec respect leurs ossements sacrés enveloppés dans la soie et dans l'or » (1).

Un bon bourgeois de Metz, Philippe de Vigneulles, était du nombre de ces pieux pèlerins du temps de l'*Imitation*; les amis du folk-lore auront peut-être plaisir à lire ici le naïf témoignage du chroniqueur lorrain :

« L'Église de léans est assez belle et grande et la cité aussi. Et y ait deux clochiers en l'église et deux aussi en l'église cathédrale. Et y ait de part et d'autre du pourtal de l'église deux bœufs de pierre qui ont en leur teste proprement cornes de bœuf empées, et dit on à la ville que ce sont les cornes des bœufs qui là portèrent le corps saint

(1) *Imitation*, IV, 1.

Nicollays, que chacun voulloit avoir le corps devant sa maison pour les miracles qu'il faisoit au temps qu'il mourut, car ils estoient paiens » (1).

Ce qui confirme le témoignage de Philippe de Vigneulles, c'est que les bœufs du grand portail, s'ils ne portent plus de cornes, ont, à la place où elles devraient être, des trous profonds dans lesquels elles étaient probablement « empées », c'est-à-dire insérées. Je ne sais si ce curieux détail est connu des archéologues barisiens : si non, il leur fera plaisir, si oui, ils me pardonneront mon ignorance.

L'Occident a oublié le chemin du sanctuaire de Bari, mais l'Orient lui est resté fidèle. De tous les points du monde grec et slave, de la Russie surtout, les pèlerins affluent tous les ans devant la tombe du saint, car saint Nicolas est leur patron national et leur vénération pour lui est une des formes de leur patriotisme. Et c'est, m'a-t-on dit, sur les

(1) Journal de Philippe de Vigneulles, édit. Michelant, Stuttgart 1852, p. 27.

marches de cette confession que la reine Hélène a abjuré le schisme grec, le jour qu'elle mit le pied sur le sol de l'Italie pour venir épouser le roi Victor Emmanuel III. Inutile de dire que nous aussi, agenouillés sur la première marche de l'autel, nous avons offert nos hommages sous la forme de prières au saint qui a réjoui notre enfance.

En sortant de Saint-Nicolas, nous avons pris notre courage à deux mains pour continuer notre promenade à travers la vieille ville. Et nous en avons été récompensés par une rencontre pleine d'intérêt. C'est, sur la place du marché, une colonne de pierre surmontée d'un globe et supportée par des degrés. Devant elle, sur la plateforme de ceux-ci, est étendu un lion d'aspect fort archaïque, portant un collier sur lequel on lit : *Custos justitiae*. Voilà bien la traditionnelle colonne des proclamations de justice sous la forme primitive que lui ont donnée les siècles barbares. Je l'ai saluée avec la familiarité de l'homme qui se trouve en pays de connaissance, car c'est ni plus ni moins que le « noble perron » de Liège dont je retrouve ici le frère ou le cousin germain.

Le manque de temps et la... flaireur, comme disaient nos anciens, ne m'ont pas permis de poursuivre ma visite du vieux Bari : pour humer un peu d'air pur, j'ai poussé l'après-midi jusqu'à Carbonara, par un chemin tout bordé de villas et de jardins que clôturaient de hauts murs, selon l'usage italien. Carbonara ressemble autant à une ville qu'à un village; j'y ai revu des figures de santé et des physionomies dont la beauté m'a fait prendre en patience la laideur du type barisien.

Je n'aurais rien à dire de la ville neuve de Bari sans une découverte fortuite que je fis en passant à côté de l'hôtel de ville pour rentrer chez moi. Dans le mur, une plaque de marbre à l'air neuf et placée assez bas frappe mes regards : je me baisse pour la lire et la première chose que j'y vois est le nom de Giordano Bruno. Je ne lus pas le reste; ce nom m'en disait assez. Il est évident qu'une ville qui est assez éclairée pour remplacer le grand saint Nicolas par le

« martyr » de Nole n'a pas besoin d'autres souvenirs et peut laisser s'écrouler au milieu des immondices les monuments qui lui rappellent son passé clérical. A quand, ô zélés édiles de Bari, une plaque commémorative de Francisco Ferrer? Elle manque à votre gloire et au bonheur de vos administrés.

CHAPITRE III.

BRINDISI.

De Bari à Brindisi, notre train n'a cessé de longer la mer. Le paysage que nous avions à notre gauche était ravissant : d'abord le rivage, dont les innombrables plantis d'amandiers étaient tout poudrés de leur neige printanière, ayant le privilège de fleurir dès le mois de février dans cette heureuse contrée. Au second plan, l'Adriatique, calme et unie comme un immense miroir. Puis, tout à l'horizon, se détachant avec une netteté parfaite sur l'azur sombre de la mer, le bleu pâle du ciel se voûtant sur les flots, qui reflétaient sa transparence. Je me demande comment les Égyptiens, chez qui nous allons en visite, ont pu appeler la Méditerranée la *très verte*. Leurs yeux étaient-ils autrement conformés que les nôtres, ou est-ce qu'on nous l'a changée depuis leur temps?

Nous ne rencontrons pas de village : c'est

ici un pays de villes; sur un parcours de moins de trente lieues, les cités populeuses font la chaîne le long du rivage. C'est Bari avec ses 75,000 habitants, c'est Mola di Bari avec 14,000, c'est Monopoli avec 22,000, c'est Fasano avec 12,000, c'est Brindisi avec 22,000. A Monopoli, j'eus grande envie de descendre pour aller porter à la cathédrale du lieu une espèce d'hommage féodal; voici pourquoi. Dans mon enfance, à Arlon, je contemplais tous les jours un tableau qui se trouvait sur l'autel latéral de droite dans l'église Saint-Martin, et qui représentait le supplice de saint Sébastien. J'ai su depuis que c'était une copie de Palma Vecchio, et mon Baedeker m'a appris que l'original est à la cathédrale de Monopoli. N'eût-il pas été juste de faire un pèlerinage au maître dont l'œuvre a été pour moi la première révélation de la beauté dans l'art? Pendant que je me le demandais, le chef de station, qui sans doute trouvait mes raisons médiocres, donna le signal du départ, et Palma Vecchio, après m'avoir attendu une soixantaine d'années, ne me verra probablement jamais venir *à chef de sens.*

Passé Monopoli, nous avons traversé à toute vapeur les ruines d'Egnatia, qui a sa mention dans le « Voyage à Brindes » :

« A Egnatia, dit Horace, nous avons bien ri. On y raconte sérieusement que l'encens fond de lui-même au seuil du temple, sans l'intervention du feu. Le croira qui voudra » (1).

On voit bien que Flaccus, s'il était encore de ce monde, ne serait pas fort dévot au miracle de saint Janvier.

Mais voici Brindisi, où nous devons descendre. D'ici partent les bateaux qui vont en Orient, ici est l'aboutissement quotidien du train que nous autres, Belges, nous appelons « la malle des Indes ». Brindisi ne manque pas de souvenirs. C'était déjà, dans l'antiquité, le point *terminus* de la Voie Appienne. Pacuvius y est né, Virgile y est mort en revenant de Grèce, Simon le

(1) Gnathia lymphis
Iratis extructa dedit risusque jocosque
Dum flammâ sine thura liquescere limine sacro
Persuadere cupit. Credat Judaeus Apella.

(Horace, *Satir.* I, 5).

Magicien, au dire d'Arnobe, s'y précipita du haut d'un rocher dans la mer. Et combien n'a-t-on pas vu ici, à l'époque des croisades, de pèlerins qui partaient la croix sur l'épaule et l'épée au côté, tandis que les autres revenaient, portant une palme en témoignage que leur itinéraire s'était écoulé d'une manière pacifique. Parmi tous ces croisés et tous ces « paumiers » je me persuade que mes ancêtres n'auront pas manqué : quelque chose me dit que je suis fils de croisé. Mais je cherche l'épée à mon côté, et je n'y trouve qu'une plume.

Il est convenu qu'il n'y a rien à voir à Brindisi, sinon une colonne, et je n'y veux pas contredire. La colonne, dit-on, marquait l'extrémité de la Voie appienne; d'autres prétendent qu'elle a porté un phare; mettons tout le monde d'accord en supposant qu'elle a servi aux deux usages à la fois et n'en parlons plus. Ne parlons pas davantage de la cathédrale; elle est d'une laideur et d'une pauvreté à faire pleurer. Mais quoi? est-il vrai que le regard admiratif ou dédaigneux de l'étranger qui passe soit la mesure de la beauté d'une ville? N'a-t-elle pas pour ses enfants un charme que l'étranger ne saisit pas, et n'est-ce pas leur amour qui fait sa beauté, comme dit le poète? Et ces aspects qui ne vous disent rien, ô voyageur, et ces beautés modestes qui ne sont pas cataloguées dans votre livre, et tous ces petits coins que vous ne connaissez pas, que souvent vous ne voyez pas même, mais qu'ils ont, eux, visités enfants et qui sont peuplés de leurs souvenirs les plus chers, n'ont-ils pas un charme de grâce et de poésie plus puissant que celui de certaines lignes architecturales?

Je me disais cela en flânant dans les rues de la ville haute, je me faisais un cœur de Brindisien en m'arrêtant devant telle maison, tel détour de rue, tel vieux monument, telle perspective subite. Je sentais que je saurais aimer ces humbles attraits, vierges encore de toute admiration banale, et je me demandais si ce n'est pas un bonheur pour une patrie de n'avoir rien qui frappe l'attention de l'étranger. Alors l'homme la possède vraiment pour lui; il n'a pas la douleur de la voir envahie par des bandes de barbares armés d'un

Joanne bleu ou d'un Baedeker rouge, qui toisent ironiquement ce qu'il aime le mieux, se promènent en parlant haut dans les sanctuaires qu'il vénère, et jaugent sa beauté comme feraient des marchands d'esclaves en pays turc. Il vit avec sa patrie dans la douceur d'un recueillement familial, dont les touristes internationaux ne sauraient profaner le charme. Telle est la beauté de Brindisi. Je crois l'avoir devinée, mais je ne la livrerai pas.

L'après-midi, franchissant le bras de mer qui s'appelle Seno di Porto Grande, nous avons été visiter l'église de Santa Maria del Casale, à trois kilomètres de la ville, au milieu des vignobles. Le soir tombait, et nous avons fait la rencontre d'une multitude d'ouvriers rentrant à Brindisi par petits groupes, l'outil sur l'épaule. C'est le spectacle inverse qu'offrent les villes septentrionales au déclin du jour : nos ouvriers industriels, en bon nombre, habitent les champs; ici, la population agricole habite la ville.

Santa Maria est une solitude monastique qui semble pleurer ses moines. Sa belle église aux lignes si nobles dans leur simplicité, reste sévèrement fermée et fait l'effet d'un corps sans âme. Je la crois d'ailleurs vouée tôt ou tard à la destruction : pendant quelque temps, on l'entretiendra, et ce seront pour le trésor public des frais dont on finira par se lasser, puis on découvrira qu'il est préférable de la laisser tomber en ruines, puisqu'aussi bien elle ne sert plus à rien. Mais alors, n'aurait-il pas mieux valu laisser ici les religieux qui auraient entretenu le monument à leurs frais? Non, les principes s'y opposaient. Il était indispensable au bonheur du peuple italien que cette église devînt un cadavre. Les voix qui s'élevaient du sein de cette solitude pour psalmodier les hymnes de David troublaient le repos des libres-penseurs de Rome et de Turin : leur disparition s'imposait au nom de « la liberté des cultes », et il faut être un vulgaire clérical comme moi pour ne pas comprendre ces nécessités de la civilisation actuelle.

CHAPITRE IV.

LA MÉDITERRANÉE.

Le *Nilo*, pyroscaphe de la *Société de navigation générale italienne*, leva l'ancre le 17 février, à une heure. Le temps était pluvieux, mais il se rasséréna après que nous fûmes sortis du port, et nous eûmes une bonne mer. Il n'y avait presque personne à bord : ce n'était plus la saison d'aller en Égypte. Quatre Italiens, voyageurs de commerce et un touriste suédois constituaient avec nous deux tout le personnel de la première classe. En seconde, une ou deux familles d'ouvriers avec leurs enfants, quelques passagers isolés, deux jeunes religieuses italiennes qui partaient, je crois, pour une mission. Elles se tenaient toujours ensemble, serrées l'une contre l'autre comme des colombes et lisant dans le même livre : le visage de l'une d'elles rayonnait d'une joie céleste et semblait refléter une vision du paradis.

Les gros nuages s'étaient dispersés avant la soirée, et la lune avait pu se montrer comme un paisible berger au milieu de leurs troupeaux tumultueux. Le lendemain, dès les premières heures de la matinée, un soleil radieux brillait sur les flots. La première chose qui frappa mes yeux, ce furent les côtes escarpées de l'île de Céphalonie, devant laquelle nous passions. Celles de Zante surgirent ensuite, puis, derrière elles, voici apparaître les cimes neigeuses de l'Achaïe, qui marquent l'entrée du golfe de Lépante.

Toute la journée nous naviguâmes en vue du Péloponèse. Ses rivages sont escarpés et arides; on dirait un pays inhabité. La mer, étincelante d'innombrables sourires, comme dit le vieil Eschyle, semble vivre seule et cerner de son allégresse printanière ce cadavre de paysage. La lune, apparaissant au ciel dès l'après-midi, penche son profil de vierge sur ce théâtre des grandes scènes de l'histoire, abandonné depuis des siècles par leurs héroïques acteurs; on dirait qu'elle ne peut pas détacher son regard d'une terre aussi morte qu'elle-même. Aucun de mes compagnons de voyage ne s'intéresse à ce pathétique spectacle; les noms de Grèce et de Morée, prononcés devant eux, ne font pas briller leurs regards. Et seul, saisi d'une indicible émotion au milieu de leur indifférence, je te contemple et je t'évoque, ô terre sacrée! Pourquoi n'es-tu pas descendue sous les flots après que tu as cessé de porter la race merveilleuse à qui tu dois l'immortalité de ton nom? Quand le génie et l'héroïsme, quand la grâce et la beauté t'eurent dit adieu, valait-il la peine de traîner sur ces flots la tristesse de ton veuvage éternel? J'éprouve, à te regarder, les impressions confuses et douloureuses qui me faisaient sourire quand je les lisais dans *Hypérion*, et je sens que je partage la folie de ce don Quichotte dont la Dulcinée s'appelait l'Hellade!

Le lendemain, la vision ensorcelante avait disparu; la mer était redevenue une vaste solitude sans rivage : pas un vapeur, pas une voile à l'horizon; nous n'avions d'autre spectacle que les flots. Je les contemplais à loisir du haut du pont supérieur. Vrai Protée que la mer! Selon que le soleil, le grand ordonnateur des spectacles maritimes, se cache ou reparaît, elle se montre dans tous les triomphes de la lumière ou dans toute la tristesse des grisailles. Sous le couvercle des nuages, les flots sont presque noirs et sans aucun éclat; ils ont ces tons vineux et troubles qui les ont fait appeler πορφύρεοι par le vieil Homère; seul, le sillage du bateau y prolonge un long sentier vert pâle sur lequel danse une écume blanche comme du lait. Mais que Phébus Apollon vienne à percer le rideau des nuées, à l'instant, comme par un coup de baguette magique, il éclate une véritable féerie : les flots s'allument comme s'ils étaient remplis d'étoiles; une splendeur d'apothéose court sur leur surface le noir des vagues se transforme en un bleu sombre et moiré aux teintes magnifiques, qu'on voudrait caresser de la main; toutes les néréides et toutes les sirènes de l'Océan semblent venir à la surface pour sourire au soleil et répercuter ses rayons dans l'éclat de leurs regards.

Il n'y a pas de mer comme celle-ci. J'en connais une qui ne le lui cède pas pour l'intensité de l'émotion poétique, qui la dépasse peut-être en poignante et superbe éloquence : c'est la mer du Nord, l'orageuse et troublée, qui a porté la barque des vikings et des berserkirs et qui a retenti du chant de mort de Ragnar Lodbrok. Certes, elle était belle sur les côtes escarpées du Northumberland, quand elles apparaissaient battues par les vagues écumeuses aux yeux de Beowulf et de ses compagnons dans leurs vaisseaux au cou de cygne. Mais, je le crains, la beauté de la mer du Nord n'est sentie que par des barbares comme moi, qui font bande à part dans la famille des humanistes.

La Méditerranée, elle, est notre mer à tous. Sur les bords de ce grand lac international, tour à tour, chaque peuple est venu se mirer avec l'édifice éphémère de sa civilisation, pour disparaître une fois son rôle joué et faire place à un plus jeune. Elle a été par excellence une mer de colons, et de Tyr à Carthage, de Phocée à Marseille, elle a porté les voiles blanches de la civilisation en voyage.

Oui, tu as vraiment enchanté le monde et

tu le tiens encore sous le charme de tes souvenirs, ô Méditerranée! Ils te font comme une auréole radieuse au travers de laquelle nous te voyons, sans pouvoir te détacher d'elle. Il fut un temps où tu étais l'Océan qui entoure le monde, et où tout ce qui ne se reflétait pas dans tes flots appartenait, avec les Scythes et les Cimmériens du Pont-Euxin, au fabuleux domaine de l'Hyperborée. Te souvient-il de cet âge lointain, où les Argonautes conquirent la gloire pour avoir osé faire leur petite randonnée en Colchide? Dans ce temps-là, les colonnes d'Hercule étaient les limites du monde, Charybde et Scylla terrifiaient les pilotes, les navigateurs ne pouvaient errer sur tes flots sans y rencontrer mille dangers : Calypso les faisait prisonniers, Circé les changeait en bêtes, Polyphème les mangeait. Parfois, ils rencontraient l'hospitalité dans quelque île habitée par une nymphe au cœur tendre, mais elle ne pouvait leur faire oublier la patrie. Jusque dans les bras des déesses amoureuses, ils n'avaient qu'un rêve : revoir la fumée qui montait du toit de leur maison, ou mourir! Et, poussés par l'ardent désir du pays, ils erraient sur tes flots, pourchassés par les dieux jaloux, pendant que l'épouse fidèle les attendait au foyer. Et tu leur étais secourable, car lorsque ton tyran Posidon avait déchaîné contre eux les vagues hurlantes, alors tu leur envoyais dans leur détresse la blanche Leucothée, et tu les faisais aborder aux jardins du bon vieillard Alcinoüs. Mais tu aimais surtout les poètes, parce qu'ils t'aimaient; aussi, lorsque un jour tes dieux cessèrent de venir en personne au secours des mortels, tu confias cette mission à tes monstres, et c'est un dauphin qui a porté sur ses robustes épaules Arion et sa lyre.

Mer charmante, avec quel amour tu embrassais les rivages de ton peuple de prédilection! Tu les ciselais comme l'artiste taille un joyau, tu les sertissais dans ton immense saphir!

La Grèce et l'Asie Mineure n'ont pas une beauté qu'elles ne te doivent. Tu faisais de chaque baie, de chaque promontoire une oasis de poètes et de héros!

Tu creusais le golfe de Salamine pour y

mettre le théâtre de la grande bataille qui a sauvé la liberté de l'Europe.

Tu découpais le cap Sunium pour qu'il servît de promenoir au divin Platon, qui l'a immortalisé.

Tu jetais entre l'Asie et l'Europe ces innombrables corbeilles de fleurs qui s'appellent les Cyclades.

Tu faisais ces grandes îles : Chypre, Crète, Sicile, dont chacune a été à son heure l'équivalent d'un monde.

Comme tu aimais ton peuple!

Les jeunes héros qui avaient du chagrin se promenaient le long de tes rivages en t'invoquant, et tu leur envoyais la consolation dans un sourire.

Tu servais de voix téléphonique à la gloire, et, grâce à toi, le jour qu'on vainquit à Mycale, on le sut à Athènes le soir même.

Comme tu fus aimée!

Emmenés en captivité loin de tes flots orageux, les exilés de la plaine d'Ecbatane t'envoyaient dans un soupir leur dernier adieu.

Et quelle joie, quand, échappés aux

dangers de la terre, ils revoyaient tes doux rivages! C'étaient des cris et des pleurs, et des attendrissements et des embrassades, et à travers les rangs des Dix mille, il ne retentissait qu'un nom, qui était le tien : Thalassa! Thalassa!

Et moi, fils des forêts du Nord, je me sens conquis malgré moi par le chant de tes sirènes pendant que je vogue sur tes flots, et je me surprends à murmurer tes louanges.

CHAPITRE V.

ALEXANDRIE ET LE DELTA.

Je crois que j'aurais continué de chanter les litanies d'Amphitrite si la traversée avait duré plus longtemps. Mais, le dimanche matin, on signala la terre : c'était là côte d'Égypte et la rade d'Alexandrie. L'aspect, de loin, fait penser à nos côtes flamandes, et, sans l'éclat du ciel, on eût pu croire que l'on allait aborder à Ostende. Le rivage, très bas, est envahi tout au loin par la ville, qui semble flotter sur les eaux. A droite sont les fortifications ruinées par le canon anglais du temps d'Arabi Pacha, en 1882 ; à gauche, c'est le phare et, reconnaissable à sa forêt de mâts, le port, vers lequel nous nous dirigeons.

Débarquer est un problème dans ces ports musulmans. Je me souviens de l'espèce de drame que fut, en 1888, notre débarquement à Tanger : hurlements infernaux des moricauds qui sont montés à l'assaut du navire pour nous enlever dans leurs barques, lutte corps à corps des matelots qui se disputent nos personnes, chute de nos bagages dans la mer, puis, une fois que nous sommes calés, couteaux tirés par nos marins ivres qui entendent vider en route leurs petites querelles privées.... Nous fûmes plus heureux cette fois, grâce à l'intervention d'un agent de la maison Cook, dont le *quos ego* tranquillement prononcé nous permit de mettre le pied sans encombre sur le sol égyptien.

Et nous voilà dans la ville d'Alexandre-le-Grand, du Phare, du Musée, de la Bibliothèque, de l'érudition grecque! Ici fut pendant des siècles l'anneau qui rattacha la vieille Égypte à la civilisation hellénique; par Alexandrie, comme par une gigantesque écluse, le génie grec débouchait à flots puissants dans la vallée du Nil, y coulant à l'inverse du fleuve, mais, comme lui, fécondant les couches sur lesquelles il se répandait. C'est par le port d'Alexandrie que l'esprit chrétien pénétra à son tour, avec une seconde floraison intellectuelle qui nous donna Origène, Clément et Athanase. Y a-t-il beaucoup de villes qui aient occupé une telle place dans l'histoire du monde?

Je ne veux pas, sous prétexte de raconter mon voyage, faire l'histoire de tous les lieux où je passe. Mais comment omettre de dire que l'islam a jeté ici comme ailleurs son ombre de mort? Alexandrie n'a plus rien de sa gloire antique, les musulmans y ont tout anéanti : s'ils ne sont pas parvenus à l'exterminer tout à fait, c'est son port qui en est la cause : il eût été trop difficile de le combler. Quand Bonaparte arriva ici, la ville comptait encore 6,000 habitants; si elle en a aujourd'hui 400,000, elle le doit à l'Europe, dont le commerce l'a rappelée à la vie, et dont la protection la garde. Mais gare à la concurrence de Port-Saïd! Si je ne me trompe, c'est Port-Saïd qui deviendra, comme Panama quand son isthme sera percé, un des centres d'affaires du monde.

Le touriste pressé de voir l'Égypte ne doit pas s'arrêter longtemps à Alexandrie : rien ne l'y retient. La colonne Pompée ne le passionnera pas plus que celle de Brindisi et n'est d'ailleurs pas de Pompée; le musée, dont je ne conteste pas l'intérêt, gagnerait à n'avoir pas pour voisin celui du Caire, et ce sont encore les tombeaux de Kom-el-Choukâfah qui méritent le plus d'attirer l'attention. Sont-ce des mastabas égyptiens? Sont-ce des catacombes chrétiennes? Ni l'un ni l'autre, ou plutôt l'un et l'autre. Et c'est ce qui fait leur intérêt. Toutefois, c'est seulement au retour du voyage d'Égypte qu'on est le mieux à même de l'apprécier. Dans l'art hybride de la nécropole alexandrine, on reconnaît deux civilisations, qui se marient sous terre dans les bras de la mort.

Il est à Alexandrie une mémoire qui, dans la pensée du voyageur chrétien, prime toutes les autres, Athanase excepté. C'est celle de la vierge savante, digne fille d'une cité d'érudition, qui a associé les lettres au martyre. Elle fut, avec saint Nicolas, la patronne des écoliers, et je n'ai pas oublié, pour ma part, les petits pains bénis qu'on nous distribuait en son honneur, le jour de sa fête, à l'école primaire de ma ville natale.

Aussi lui ai-je porté mes hommages dans la modeste mais spacieuse église qui lui est dédiée au cœur même de la ville, sur une place triangulaire. Cette place est occupée par un jardin public à l'usage des femmes seules. Quand, ignorant cela, je voulus y entrer, le gardien me pria poliment, avec un bon sourire, de gagner le large. J'apprécie beaucoup cette attention des autorités égyptiennes pour le beau sexe; je l'ai retrouvée au Caire. On me dira qu'en terre musulmane, les femmes ont besoin d'une protection spéciale, et j'en conviens; mais, par le temps qui court, plus d'une dame européenne doit envier sous ce rapport la condition des femmes d'Égypte.

Après notre visite à sainte Catherine, il ne nous restait qu'à prendre le chemin du Caire, où nous avions hâte d'arriver, La route n'a rien d'enchanteur : je ne sais où Diodore avait la tête quand il disait que le Delta est le plus beau pays du monde. Passe encore pour Fénelon, qui n'y est jamais venu, ce qui lui a permis d'en tracer un tableau charmant :

« Si la douleur de notre captivité, fait-il dire à Télémaque, ne nous eût rendus insensibles à tous les plaisirs, nos yeux auraient été charmés de voir cette fertile terre d'Égypte, semblable à un jardin délicieux arrosé d'un nombre infini de canaux. Nous ne pouvions jeter les yeux sur les deux rivages sans apercevoir des villes opulentes, des maisons de campagne agréablement situées, des terres qui se couvraient tous les ans d'une moisson dorée sans se reposer jamais, des prairies pleines de troupeaux, des laboureurs qui étaient accablés sous le poids des fruits que la terre épanchait de son sein, des bergers qui faisaient répéter les doux sons de leurs flûtes et de leurs chalumeaux à tous les échos d'alentour ».

J'aurais bien voulu voir tout ce que Télémaque a vu par les lunettes de l'aimable archevêque de Cambrai. Est-ce la puissance d'illusion qui m'a quitté, ou si l'Égypte doit regretter le bon vieux temps du roi Sésostris? Je ne sais, mais je me serais cru dans les Pays-Bas et non en Orient, et les voiles qu'on voyait circuler en pleins champs sur des canaux qu'on ne voyait pas étaient bien faites pour confirmer cette première impression. Ce serait d'ailleurs faire tort à la Hollande que de poursuivre la comparaison. Quand je me rappelle les superbes paysages que je vis, il y a une vingtaine d'années, en voyageant d'Utrecht à Amsterdam, ces grasses prairies où d'innombrables vaches à l'air heureux reposaient au milieu d'opulents herbages, alternant avec d'ombreuses frondaisons, ces scènes idylliques pleines de fraîcheur et de joie, et que je les compare à ce morne et triste Delta, je donne hardiment un démenti à Diodore et au *Télémaque*.

La plaine est vaste et nue ; rien n'en rompt la monotonie. Les arbres y sont rares et chétifs : de pauvres dattiers fouettés par le vent du large retroussent leur grêle feuillage qui, penché d'un seul côté, fait piteuse mine; on dirait des balais fichés en terre par le manche. Les villages qu'on rencontre par intervalles sont horribles : qu'on se figure des entassements de cabanes aveugles en terre battue, tristement blotties les unes contre les autres, comme de vastes fours à briques, sans jardins, sans arbres et partant sans ombre. Sur les toits plats de ces lugubres constructions, on jette tout ce qui encombre et même tout ce qui souille, de telle sorte que les cabanes sont couronnées de véritables capuchons d'immondices.

La seule chose divertissante que j'aie rencontrée au passage à travers ce pays, ce sont ses habitants, gens et bêtes. Voici un quidam qui chevauche, gravement assis sur un dromadaire, avec je ne sais quel air de patriarche; en voilà un autre qui fait galoper son âne blanc et qui a l'air de s'amuser comme un enfant; celui-ci s'avance à pied, poussant devant lui la monture sur laquelle il a juché sa femme. Ils ont grand air vraiment, quand ils ne sont pas trop sales, avec leurs longues robes tombant jusqu'aux pieds et garnies de larges manches à revers de soie blanche. Combien ce costume est flatteur, quand on le compare à la morne banalité du nôtre! Et dire que les Orientaux le quittent peu à peu, pour s'affubler de nos vilaines défroques! Car c'est la loi universelle, et je l'ai constaté partout où m'ont conduit mes voyages : la beauté disparaît devant la mode, et le genre humain s'enlaidit. Le jour viendra ici, où l'homme resté fidèle au costume national fera l'effet, dans les rues d'Alexandrie et peut être du Caire, de Jean-Jacques se promenant en habit d'Arménien à Paris. Je me réjouis de penser que je ne vivrai pas assez longtemps pour assister au triomphe international de la laideur.

CHAPITRE VI.

LE CAIRE.

Après trois heures de chemin de fer nous voici dans la plus grande ville de l'Afrique : le Caire a 650,000 habitants. Le quartier européen, où est la gare, a l'air d'un faubourg de Paris qui ne serait point pavé : le bruit, la circulation, les affaires, les cafés, tout y rappelle la ville occidentale. Ne vous fiez pas trop à vos yeux cependant : vous êtes bien en Orient, même dans ce quartier; et il suffirait d'une commotion un peu forte pour faire éclater tout le vernis de civilisation qui vous donne, à première vue, l'illusion d'être encore en Europe.

La première chose que nous apprenons en débarquant, c'est que le président du conseil des ministres du Khédive, Boutros Pacha Ghali, vient d'être assassiné par un fanatique du parti nationaliste, nommé El Wardani. Boutros était un chrétien copte et l'on nous dit que c'est en haine du nom chrétien qu'il a été tué, mais l'assassin lui-même prétend avoir agi par des motifs politiques : le gouvernement, selon lui, humilie l'Égypte qu'il met à la merci de l'Angleterre. El Wardani, jeune homme de 22 ans, est comme le jumeau de l'Indou Dhingra : tous deux ont étudié en Europe, où ils ont pris leurs grades; tous deux, dignes disciples de l'école fondée par Mazzini, voient dans le poignard ou le revolver un instrument d'émancipation nationale. Et l'Angleterre, qui a été si longtemps le complaisant refuge de tous les assassins politiques, commence à s'apercevoir qu'ils sont parfois encombrants.

Nous sommes en plein islam. Le Caire est l'une de ses deux capitales; il ne le cède qu'à Stamboul, qui est l'autre. La présence de la garnison anglaise et d'une nombreuse colonie européenne tiennent en respect les ardentes aspirations à l'autonomie : la jeunesse nationaliste ronge le mors et attend son jour. Au surplus, à part le Musée égyptien, tout ce qu'il y a d'intéressant au Caire est musulman. L'islam y est d'ailleurs plus apprivoisé que dans le Moghreb el Aksa, ce dernier refuge de la ferveur primitive. A Tanger, je me voyais refuser l'entrée des mosquées en ma qualité de « chien de chrétien » ; ici, on nous en ouvre les portes... contre bakchich naturellement.

Mais, féroce ou apprivoisé, l'islam est toujours lui-même, et pour le rencontrer dans toute sa pureté il suffit d'un quart d'heure de chemin. Une fois que vous vous êtes enfoncé dans le Mouski, qui est le quartier arabe, vous êtes à mille lieues de la civilisation moderne. Je dis moderne, je ne dis pas occidentale, car plus d'une fois, en parcourant cet inextricable réseau de rues étroites et bruyantes, vous pourriez vous croire transporté à sept cents ans en arrière, dans le Paris de saint Louis, par exemple.

C'est avant tout un monde masculin qui s'agite et travaille ici. Les femmes n'y manquent pas; elles passent avec une nonchalance qui n'est pas sans grâce, drapées dans leurs longues robes noires qui ne sont pas toujours de première fraîcheur, mais qui ne cessent de flotter avec aisance. Elles ont des anneaux

aux poignets, aux chevilles, aux doigts; il y en a même qui en portent aux narines. Sont-elles chrétiennes ou païennes, elles vont à visage découvert; pour les musulmanes, elles portent un grand voile fendu pour laisser les yeux libres et dont les deux morceaux sont rattachés entre eux par une espèce de bobine qui leur pend laidement sur le nez. Les Arméniennes musulmanes pactisent : elles ont un voile de soie blanche transparente, qui ne couvre que le bas de la figure et qui provoque le regard au lieu de le repousser. Les mères portent leurs enfants à califourchon sur l'épaule, gardant ainsi la liberté de leurs bras : le bambin est habitué dès l'âge le plus tendre à ce siège, où il parvient à se maintenir en selle comme un cavalier expérimenté; souvent, il croise ses deux bras sur la tête de sa maman et s'y appuie pour dormir, pendant qu'elle vaque à ses occupations.

Voici des porteurs d'eau; court vêtus, ils plient sous le poids d'une outre énorme en peau de chèvre remplie d'eau du Nil, qu'ils portent sur le dos, et ils font retentir incessamment des castagnettes de cuivre pour attirer les ménagères sur le seuil. Ici, accroupis sur le trottoir, des individus étalent gravement du sable dans un carré et y tracent des figures au moyen desquelles ils disent la bonne aventure aux bénévoles passants. Les véhicules ont fort à faire pour se frayer un chemin à travers la population, qui ne semble pas s'apercevoir de leur existence, car, en ce pays de civilisation arriérée, les piétons refusent de se laisser écraser par les cochers, et ceux-ci sont obligés à un perpétuel dialogue avec eux pour obtenir de passer : « Garçon, tiens à droite. Jeune fille, attention à ta gauche ! » Et ainsi de suite. Parfois, on s'invective.

Les rues à bazar sont le cœur de la ville. On n'y peut guère passer qu'à deux ou trois personnes de front. Souvent même le passage est si étroit qu'on ne le traverse qu'à la file indienne, et quand on se rencontre à deux il y en a un qui doit enjamber sur les marchandises étalées de droite ou de gauche. Des toiles tendues au-dessus des maisons protègent contre le soleil et entretiennent un agréable demi-jour, tout en laissant apercevoir des coins de ciel. Quel invraisemblable fouillis de choses et de gens! Maisons qui poussent les unes contre les autres comme les arbres de la forêt, sans souci de l'alignement ou de la symétrie, fenêtres garnies de moucharabis qui semblent vous espionner, inscriptions arabes étalant largement leurs ligatures élégantes. boutiques et magasins en pleine rue, marchands qui cousent, cuisinent, mangent, fument le narghilé, parfois font de la musique ou appellent le client, cohue d'hommes vêtus de tous les costumes, ânes. chameaux, chevaux, voitures, caravanes de misses anglaises défilant sans relâche à travers ces fleuves humains, tantôt avec une solennelle lenteur, tantôt avec l'ardeur fiévreuse de l'impatience, cris de bêtes et de gens se confondant, se mêlant en un concert qui n'a rien de cacophonique, vols de pigeons et de moineaux qui se jouent avec une incroyable familiarité, parfums capiteux s'élançant du seuil des bazars comme des courtisanes qui happent le passant, et, par-dessus ces cris, ces couleurs, ces mouvements, cette agitation, l'éternelle sérénité du ciel bleu qui verse des ondes d'apaisement sur la fièvre de la fourmilière humaine.

Que si vous voulez vous rendre compte de la nature des marchandises qui sollicitent votre attention, il vous faudrait une légion de commissaires priseurs pour détailler ces invraisemblables bric-à-brac orientaux. Ce que l'on vend chez nous ne figure guère ici, ce que l'on vend ici ne trouve pas sa place chez nous. Ce sont surtout objets de luxe ou de fantaisie, ce qu'on appelle l'article oriental : tapis, broderies, fioles à parfums, armes damasquinées ou nickelées, boîtes à bijoux, cigarettes, babouches, tarbouchs et que sais-je encore? Pour l'étranger, on tient certains objets spéciaux que l'on peut appeler les faux antiques : des scarabées, des papyrus, voire des momies. Se laisse attraper qui veut, et de grands savants ne s'en font pas faute. Pour moi, je suis à l'épreuve du plus habile vendeur d'*antikas*. « Tu ne m'y prendras pas, mon ami, tu es empaillé », disait à un lièvre qui filait à toutes jambes devant lui un chasseur habitué à être mystifié. Je n'ai pas l'expérience de ce chasseur, mais j'ai sa prudence, et j'ai tenu son langage à chacune des antiquités « authentiques » dont on m'offrait l'achat.

Mais le bazar n'est pas toute la ville : il faudrait parcourir toutes les rues l'une après l'autre pour saisir dans son ensemble la vie musulmane avec l'innombrable variété de ses aperçus. Je n'ai pu le faire et je ne consigne ici que des impressions reçues au passage.

Rien de curieux comme le retour des pèlerins de la Mecque, des *hadjis* comme on dit là-bas. J'ai plusieurs fois, en quelques jours, assisté à ce spectacle. Le *hadji* traverse les rues de la ville comme en triomphe, accompagné d'un cortège de dévots. Des fifres et des tambours ouvrent la marche, puis viennent des voitures. Dans la première est assis avec ses enfants le héros de la fête, auquel les passants viennent baiser la main et offrir leurs félicitations; une autre voiture contient ses femmes, qui, voilées et gesticulant, expriment leur enthousiasme par des chants et des cris; suivent à pied ou à dos d'âne des admirateurs et des amis. Là ne finit pas la gloire du *hadji*; elle survit à cette éphémère apothéose. Passant le soir dans une rue du Vieux Caire, je vis une illumination. Des lampions suspendus aux portes des maisons éclairaient le quartier habitué aux ténèbres nocturnes; des guirlandes d'oriflammes et de drapelets se balançaient au vent le long des murs; sur le seuil d'une des maisons était assis le *hadji*, drapé dans une longue robe de fête et coiffé d'un turban multicolore. Grave et plein du sentiment de la dignité qu'il a conquise par son voyage sacré, il reçoit silencieusement les hommages et les baise-mains des voisins, qui s'empressent autour de lui, s'assiéent à ses côtés comme pour participer en quelque manière de sa sainteté, le pressent de raconter son pèlerinage. Et lui, le voici qui ouvre la bouche, et, solennellement, narre son odyssée à travers le désert et les merveilles de La Mecque, et l'émotion ressentie au tombeau du prophète. Je me figure qu'ainsi faisaient au coin de leur feu, il y a des siècles, ceux de nos ancêtres qui revenaient du pèlerinage à Jérusalem.

Car, en toutes choses, l'islam est comme le reflet ou plutôt le décalque du christianisme. Il ne lui a pas pris seulement son monothéisme sublime, sa doctrine messianique, son culte d'un tombeau sacré ; il lui a emprunté ses nombreuses pratiques de piété, ses jeûnes, ses pèlerinages, sa dévotion aux saints. Il vit et il vivra longtemps de ces emprunts. Les conquêtes qu'il continue de faire par en bas, au sein des populations noires de l'Afrique, le dédommagent des pertes qu'il subit par en haut, au contact du rationalisme européen.

Voulez-vous pénétrer au cœur de l'islam, le surprendre aux sources de sa vie, voir ce qu'il conserve encore de jeunesse et de fécondité? Abandonnez la rue tumultueuse et bruyante, montez ce perron, frappez à cette porte de bronze, laissez le portier vous chausser de babouches par-dessus vos souliers, puis entrez et regardez! Vous êtes dans la mosquée que le sultan Mouayed (1412-1421) édifia il y a cinq siècles à la suite d'un vœu. Du vacarme et du tohu-bohu du monde, vous voilà transporté dans un refuge délicieux de paix, de recueillement et de silence. Là, dans l'ombre lumineuse qui descend des arceaux en fer à cheval, au bruit monotone des eaux qui tombent dans la fontaine aux ablutions, comme il fait bon venir se reposer des vaines agitations du dehors! C'est, séparé de l'extérieur par de hautes clôtures qui étouffent les voix de la rue, le mariage du temple et du jardin, ouverts l'un à l'autre et se prêtant mutuellement leurs richesses. Le jardin est peuplé de fontaines murmurantes éventées par des palmiers qui balancent doucement au-dessus d'elles leurs rameaux infléchis en arches triomphales. Les moineaux piaillent bruyamment sous leurs branches; après avoir fait leur toilette et lustré leur plumage dans la fontaine, ils volent se percher sur les lambris de la mosquée, où ils sont chez eux tout autant que les hommes.

Dans la mosquée, accroupis contre des colonnes, sans regard pour les touristes qui viennent troubler leurs dévotions, des fidèles prient avec ferveur, plongés dans une demi-extase et balançant leur buste au rythme de leur prière. Contre d'autres colonnes s'appuyent des écoliers qui répètent leur leçon dans leur livre de classe; plus loin, on voit des mendiants qui font tranquillement leur repas : la mosquée est accueillante à tous les enfants de l'islam, et le plus humble est le familier de la maison de Dieu. Elle est presque vide maintenant, et toutefois il semble que l'air y frémisse encore d'un murmure d'âmes; la prédication et la prière sont comme enchaînées, en attendant leur heure, autour de leurs sièges historiques. Le sanctuaire a pour centre le mihrâb, espèce de chœur qui ne manque dans aucune mosquée et qui est toujours orienté vers La Mecque, pour ramener vers le tombeau du prophète la piété des fidèles. Quant à la parole de l'imâm, elle tombe tous les vendredis de cette haute chaire à laquelle on accède par des degrés nombreux, et elle agite les multitudes d'auditeurs comme le vent agite les flots. « Il n'y a pas d'autre Dieu que Dieu, et Mahomet est son prophète! » Evaluez, si vous l'osez, le poids qu'a pesé dans les destinées du monde cette parole répétée des millions de fois.

J'admire la propreté exquise qui règne

dans ces sanctuaires musulmans. Le pavement est jonché de nattes et de tapis; les fidèles, en entrant, ne témoignent pas leur respect en se découvrant comme nous, mais en ôtant leurs babouches. Et cela est juste. Ce sont les pieds, en effet, et non la tête, qui peuvent souiller le temple, et l'usage antique était, par conséquent, de se déchausser en y entrant, comme Moïse quand il aborda le buisson ardent. Je me souviens d'avoir vu à l'Alhambra de Grenade des réduits ménagés dans les murs à l'entrée des salons, où les visiteurs déposaient leurs chaussures. Quant aux giaours, depuis qu'on leur a ouvert l'accès des mosquées, on a trouvé un autre moyen de rendre leurs pieds inoffensifs : on les enveloppe de grandes babouches tenues à leur disposition moyennant bakchich.

Je ne puis m'empêcher, en constatant ce respect du lieu saint, de songer avec quelque dépit à l'ignoble habitude du peuple romain, qui souille de ses crachats les beaux pavements de marbre de Saint-Pierre du Vatican et même les marches de ses autels : il devrait venir apprendre chez les Musulmans la manière de se comporter dans la maison de Dieu.

Vous êtes vraiment ici dans une oasis de paix; vous voudriez prolonger votre séjour sous ces arceaux d'où semble tomber le recueillement; vous sentez la grandeur d'un peuple qui est, comme nous, héritier d'Abraham, et qui, comme nous, adore le vrai Dieu. Je n'ignore pas que la mosquée est vide, et qu'elle n'a d'autre pôle que la tombe d'un homme mort. L'église chrétienne est habitée : Jésus y vit sur l'autel.

La mosquée que nous avons visitée la première est loin d'être la plus remarquable du Caire; comme cette ville en contient, dit-on, quatre cents, il faut bien se borner à ne visiter que les plus caractéristiques : Ibn Touloûn, Sultan Hassan, Méhémet Ali. Ce sont des monuments qui font comprendre l'art arabe, et certes cet art est digne de considération, voire de respect. Elles contiennent d'ordinaire, dans un haut sarcophage souvent des plus modestes, la tombe du fondateur, et sont généralement précédées d'une cour aux proportions grandioses, au milieu de laquelle s'élève la fontaine aux ablutions, dite le hanéfyié. Elles se caractérisent, comme on sait, par l'absence de toute reproduction plastique de la vie et par la profusion de l'ornementation linéaire destinée à suppléer au défaut de la sculpture. La richesse, l'élégance, le fini du détail y atteignent souvent un degré inouï; le mariage de la lumière et de l'ombre y produit des effets merveilleux de demi-jour. Les minarets, d'ordinaire plantés deux par deux au seuil, comme les obélisques de l'ancienne Égypte, jaillissent vers le ciel avec une grâce et une légèreté que n'égale aucun autre geste de pierre. Voyez ceux que Méhémet Ali a placés devant le dôme de sa mosquée à la citadelle! Ils sont là, debout comme deux gardiens jumeaux que personne ne relèvera jamais de leur consigne éternelle, et ils caractérisent à ce point le Caire qu'il est impossible d'évoquer le souvenir de cette ville sans les voir surgir au fond du tableau que peint votre imagination. Et quand, du haut de leurs flèches élancées, tombe le solennel avertissement du muezzin appelant les fidèles à la prière, cela est grand! Je ne vais pas jusqu'à dire, avec Lamartine, « que la voix du muezzin, qui sait ce qu'elle dit, est bien supérieure à la voix machinale et sans conscience de la cloche de nos cathédrales »; il y a là un blasphème contre l'art et contre la poésie comme il en est échappé plus d'un à l'auteur des *Méditations poétiques*, et j'estime avec Veuillot, que rien n'égalera jamais ni la profondeur, ni la mélodie de ce poème que la cloche catholique chante partout à tous les cœurs (1).

L'islam, je l'avoue, me fatigue; il s'interpose fâcheusement entre moi et les Pharaons que je suis venu visiter. Je ne lui échapperai pas; me voici parmi les privilégiés à qui il est donné d'assister au Mach Mâl, c'est-à-dire, au retour du Tapis sacré. Tous les ans, un pèlerinage escorté d'importantes forces militaires porte du Caire à La Mecque un tapis qui restera étendu pendant toute l'année sur le tombeau du Prophète; on revient avec le tapis de l'année précédente, qui est donné

(1) *Çà et là*, t. I, p. 199.

comme une relique à quelque mosquée égyptienne. Le retour de ce tapis est un des grands événements dans la vie publique du Caire. Dès le matin, toute la ville est sur pied, toutes les maisons sont pavoisées, la foule s'amasse aux endroits où passera le cortège sacré. Aux abords de la citadelle, où doit avoir lieu la remise du tapis au Khédive, on s'entasse jusque sur les toits et les corniches des maisons. L'esplanade, où des cordes tendues ménagent au centre un espace libre pour les évolutions du cortège, est remplie d'invités; les diplomates et les personnages officiels arrivent dans leurs équipages, le Khédive et la Khédivah, salués par de longues acclamations, viennent prendre possession de leur loge, puis les troupes occupent les extrémités de la vaste enceinte, et voici enfin qu'arrive lentement, solennellement, à l'allure nonchalante et balancée de ses dromadaires couverts de housses de fête, le cortège du Mah Mâl.

Le précieux tapis est renfermé dans un édicule de bois doré perché sur le dos du premier dromadaire. Celui-ci, suivi de ses cinq compagnons s'avançant en file indienne, fait lentement une demi-douzaine de fois le tour de l'esplanade, aux sons de l'hymne égyptien, puis il s'arrête devant le Khédive, auquel le chef du pèlerinage remet la clef de l'édicule. La cérémonie est terminée; les personnages officiels se retirent, les troupes regagnent leurs casernes en exécutant des airs de marche, le public s'écoule en commentant la cérémonie, et un air de fête reste suspendu pendant toute la journée sur la ville. Certes, ce spectacle est instructif qui nous montre l'étroite alliance de ce que nous appellerions chez nous l'Église et l'État, et il faut bien reconnaître qu'elle a des racines d'une singulière profondeur dans l'âme populaire une religion qui est capable d'étaler, en l'an de grâce 1910, sous les sourires de l'incrédulité cosmopolite, ce spectacle de son énergie vitale.

Je me suis fait les mêmes réflexions en allant visiter El Azhar, le plus grand foyer d'enseignement musulman qui existe, je crois, au monde. C'est à la fois une mosquée et une université, ou, si on l'aime mieux, un grand séminaire : c'est là que de tous les points de l'islam, depuis le Maroc jusqu'à l'Inde, affluent les fervents qui viennent prendre leurs grades dans la science sacrée. Création des califes fatimites du Xe siècle, El Azhar subsiste sans interruption depuis bientôt mille ans : c'est donc le plus ancien établissement d'instruction qu'il y ait et il n'y a pas d'exemple, dans notre Occident mobile et agité, d'une pareille durée. La maison possède des revenus énormes, qui sont allés en s'accumulant au cours des siècles, avec un chiffre fantastique de fondations et de bourses d'études. Je ne décrirai pas El Azhar : c'est toujours le type mi-monastique du sanctuaire musulman, avec ses murs aveugles sur la rue, ses vastes cours intérieures à portique, son immense salle centrale supportée par une forêt de colonnes formant des nerfs nombreuses et son peuple de moineaux bavards et gourmands qui partagent fraternellement avec les hommes la jouissance du sanctuaire. Une multitude bourdonnante d'étudiants de tout âge remplit la salle centrale, et je ne crois pas me tromper en les estimant à un millier. Les uns sont couchés ou même endormis, les autres, accroupis contre les colonnes, lisent, causent, marmottent l'éternel feuillet du Coran qui leur sert de text-book. Ils sont répartis en un grand nombre de groupes absolument indépendants l'un de l'autre et qui semblent s'ignorer autant que s'ils étaient enfermés dans des chambres différentes, mais du sein de cette multitude inexprimablement pittoresque, s'élève une rumeur confuse, qui plane au-dessus d'elle comme une atmosphère et où la voix de l'étude, de la prière et de la causerie se mêlent.

Nous circulons sous la conduite d'un guide à travers ces groupes où, il y a quelques décades d'années, il eût été bien dangereux pour un Européen de se montrer. Ici encore, la domination anglaise exerce à la longue son action et le fanatisme musulman rentre provisoirement ses cornes. Nous pouvons donc observer à notre aise. Et justement voici un groupe qui attire au plus haut point ma curiosité. Assis dans un fauteuil dont le dossier s'appuie à une colonne, un vieux professeur à barbe blanche, coiffé du turban, est en train de faire sa leçon à une trentaine de jeunes gens accroupis à terre autour de lui. Tous ont l'air sérieux et attentifs; ils tiennent en mains le feuillet du Coran qui fait l'objet de la leçon et ils écoutent le commentaire qu'en donne le maître. Les uns prennent des notes, les autres confient l'enseignement à leur mémoire, mais montrent, par le jeu de leur physionomie, l'effort qu'ils font pour l'y graver. Le professeur développe son thème avec aisance et naturel; son geste est sobre, il se sent en possession du sujet et de son auditoire et n'éprouve pas le besoin de recourir à des moyens factices pour éveiller l'intérêt.

Il me semblait assister à une leçon de Sorbonne dans la rue du Fouarre, au temps où mon compatriote Siger de Brabant y enseignait à des étudiants assis sur des bottes de paille,

Sillogizando invidiosi veri.

Je ne m'arrachai pas sans peine à la leçon de mon collègue arabe pour continuer la visite de la « mosquée fleurie ». Nous parcourûmes un certain nombre de salles latérales se développant autour du vaste hall comme les chapelles d'une église autour de la grande nef : ce sont les *liouân* des diverses nationalités qui servent aux étudiants pauvres de salles de travail, de réfectoire et de dortoir à la fois. Chacune de ces salles est soigneusement entretenue dans un état de grande propreté; les lits, d'ailleurs, y brillent par leur absence et sont remplacés par des couvertures entassées dans un coin et dans lesquelles s'enroulent les dormeurs. Cette propreté, je l'ai plus d'une fois remarquée dans les établissements publics du pays; je puis dire qu'il n'y a ni mosquée, ni école d'où la saleté ne soit rigoureusement bannie, et j'en conclus qu'il serait facile de la bannir aussi de la vie privée, si l'on y répandait les notions de l'hygiène avec un souci plus grand de la dignité personnelle.

Ce lieu, en vérité, fait rêver. Le cœur de l'islam bat ici dans ces 10,000 ou 30,000 élèves (je ne sais que penser de ces chiffres) qui viennent prendre à El Azhar le feu sacré du fanatisme musulman, pour le porter ensuite jusqu'aux extrémités les plus lointaines de l'islam. Tout les entretient dans le culte de la tradition primitive : tout leur parle du prophète, de la guerre sainte, de la domination universelle de l'islam; tout contribue à développer chez eux la haine des giaours. Il ne faudrait pas se laisser tromper à l'air paisible et quasi-ecclésiastique de ces étudiants à longue robe, en apparence voués à un rêve mystique. Sous ces paupières mi-closes, dans ces yeux qui ont l'air de ne pas vous regarder, dans ces âmes silencieuses tout entières à la mélopée de leurs surates, il se fait des amoncellements de haines sauvages contre nous autres Européens, impies contempteurs du Prophète, qui insultons par notre présence aux sentiments religieux et patriotiques de tout bon musulman.

Aussi, quelle explosion le jour où l'on croira l'heure venue! Ce sera lorsque, pour quelque raison que ce soit, la main du dompteur cessera de tenir en bride les âmes de ces fauves que nous croyons apprivoisés et qui ne sont qu'intimidés. Et dire qu'on laisse ce foyer d'islamisme brûler, cet arsenal approvisionner d'armes tout le monde musulman, pendant qu'on ferme les écoles chrétiennes et qu'on chasse de leurs humbles couvents la virginité et la pauvreté volontaire, seuls dangers, à ce qu'il paraît, pour l'avenir de la civilisation!

Et ma pensée retourne par une pente naturelle aux « ténèbres » du moyen âge. Ah! ils avaient compris mieux que nous, les hommes de ce temps, quelle attitude il fallait garder vis-à-vis de l'islam! Ils avaient entendu le mot d'ordre de César à Pharsale et ils étaient venus ici pour frapper l'islamisme à la tête. Si le plan de saint Louis s'était réalisé, la Terre Sainte était sauvée; une civilisation chrétienne florissait à Jérusalem et au Caire, de grandes nations catholiques faisaient rayonner d'ici la foi de Jésus-Christ sur l'Asie et sur l'Afrique. Mais la lâcheté des rois chrétiens ne l'a pas voulu. Sourds à la voix des papes, qui n'a cessé de leur rappeler la Croisade pendant près de mille ans, ils ont laissé l'islam étendre la main sur Jérusalem, sur Constantinople, sur tout l'Orient chrétien; ils n'ont cessé de leurrer le souverain Pontife de promesses mensongères pour pouvoir confisquer la dîme de la croisade, ils n'ont pas craint, pour de vils intérêts, de pactiser avec l'ennemi commun et c'est leur prodigieuse ineptie en face du problème musulman qui nous vaut aujourd'hui encore la question d'Orient.

Où m'emmenez-vous, souvenirs de douleur?....

C'est là-bas, en Italie, au bord de l'Adriatique, au sommet de la ville d'Ancône, dans cette cathédrale, qui semble une fille de celle de Pise, et d'où l'œil embrasse l'admirable panorama de la terre et de la mer. Un vieillard est là, un prêtre, le vicaire de Jésus-Christ. Les yeux fixés sur les flots, il attend les escadres des princes chrétiens qui ont promis de participer à la guerre sainte, et qui doivent se réunir ici dans le port. Mourant, il est venu pour les bénir à leur départ, il veut partir avec eux. Ah! la grande et sublime entreprise, et quelle fête il y aura sur la Méditerranée et dans tout le monde chrétien, le jour où l'on reviendra d'Orient avec les dépouilles opimes du monstre exterminé dans son nid! Mais les heures s'écoulent, les jours succèdent aux jours, et aucune voile ne se montre à l'horizon. Et quand il est bien certain désormais que les princes chrétiens ont manqué de parole et qu'il n'y aura pas de croisade, alors le cœur du vieillard se brise... Pie II expire, et l'Orient restera musulman!

Le Caire est la ville des mosquées : il y en a, dit-on, quatre cents, à peu près autant que Rome compte d'églises. Et parmi elles il y en a plus d'une qui est un chef-d'œuvre de l'art arabe. Combien il serait intéressant de les étudier, de reconnaître leurs types divers, de suivre de près l'évolution historique de leur architecture! Un travail de ce genre donnerait pour résultat une page de l'histoire de la civilisation.

La plus ancienne mosquée de l'Égypte, c'est celle d'Amrou au Vieux Caire : elle remonte au VIIe siècle. A l'époque de la conquête, le Caire n'existait pas encore. Le conquérant planta sa tente sur la rive droite du Nil, au sud de la ville actuelle, et c'est là que surgit la ville de Fostât, ainsi appelée en souvenir de ce campement (1). Amrou y créa la mosquée qui porte son nom. Elle est précédée d'une vaste cour entourée de portiques; au centre est la fontaine aux ablutions. Au fond se trouve la mosquée, qui est entièrement ouverte du côté de la cour : elle est formée de nefs nombreuses supportées par des rangées de colonnes sous des arcs en fer à cheval. C'est simple et sévère, mais non dépourvu d'une impressionnante grandeur. En face des temples égyptiens de Memphis, qui étaient debout encore, mystérieux et sombres, l'apparition de ce sanctuaire tout ouvert et tout nu marquait l'avénement d'une religion nouvelle, qui allait faire triompher dans toute l'Égypte l'austère monothéisme des enfants d'Israël. En y entrant, j'eus un vivant souvenir de la mosquée de Cordoue, qui reproduisait à l'extrémité occidentale du monde musulman le même type d'architecture.

Aujourd'hui, la mosquée d'Amrou est

(1) Fostât signifie en arabe tente.

abandonnée, comme le sont les traditions de l'islam primitif. On est bien loin, en Égypte, de cette foi guerrière et religieuse qui précipitait toute une race à la conquête du monde; l'islam plie l'échine sous le bâton anglais et s'efforce de vivre, en attendant qu'Allah manifeste ses volontés.

Nous nous sommes promenés seuls dans la cour d'Amrou, où notre guide, Ibrahim Mustapha, pour nous amuser, nous a montré près de l'entrée deux colonnes jumelles entre lesquelles, disait-il, ne pouvaient passer que les honnêtes gens. Nous fîmes des efforts pour nous faire décerner par les dites colonnes un brevet d'honnêteté, mais nous n'y parvînmes pas : seul, Ibrahim Mustapha passa sans difficulté à travers le redoutable défilé. Qu'Ibrahim Mustapha soit la fleur des honnêtes gens, je n'y veux pas contredire, puisque les pierres elles-mêmes le proclament ; toutefois, je le soupçonne d'être légèrement teinté de rationalisme. Le dicton arabe prétendait que l'on n'entrerait pas en paradis si on ne parvenait à franchir le passage étroit entre les colonnes : pourquoi

Ibrahim Mustapha nous l'a-t-il « laïcisé »? A-t-il eu peur de nos sarcasmes occidentaux?

Depuis l'âge d'Amrou, les musulmans ont appris à bâtir des mosquées fermées; ils en ont rempli le Caire. La dernière qu'ils ont élevée est un des monuments les plus curieux du monde : c'est celle de Méhémet Ali à la citadelle. Ce puissant, dont le génie avait rêvé une Égypte indépendante, a visiblement voulu que sa mosquée devînt l'emblême d'un peuple affranchi. A voir cet immense vaisseau presque circulaire, supportant une coupole entourée de quatre demi-coupoles, éclairé par de merveilleux vitraux et, les jours de fête, par une gigantesque couronne de lumière, une pensée vous vient immédiatement à l'esprit : c'est la contre-partie de Sainte-Sophie de Constantinople, comme Saint-Paul de Londres est la contre-partie de Saint-Pierre de Rome. Et pour que la comparaison produise tout son effet, Méhémet a voulu planter son monument au sommet de la grande ville : de là haut, blanche dans le ciel bleu, avec ses deux minarets élégants qui percent l'azur, la mosquée appelle tous les regards et s'impose impérieusement à toutes les attentions, comme l'expression architecturale de la nationalité égyptienne. Qu'après cela, l'œuvre de Méhémet soit loin d'égaler celle de Justinien, nul ne songe à le nier : mais elle a une portée qui dépasse celle d'une œuvre d'art et elle attend tranquillement l'avenir.

Me voilà en pleine architecture et en plein islam ! Achevons de régler, une fois pour toutes, notre compte avec le monde musulman en allant visiter les tombeaux des califes. Sous ce nom impropre, on désigne couramment ici les mosquées funéraires que se sont bâties, non les califes fatimites qui ont régi le pays du Xe au XIIIe siècle, mais leurs successeurs les sultans mameloucks, qui ont pesé sur lui depuis le temps de saint Louis jusqu'à la conquête de l'Égypte par les Turcs en 1519. Ces mameloucks étaient bien, si je ne me trompe, les tyrans les plus cruels que l'Égypte ait connus au cours de son existence tant de fois millénaire. Le joug des Turcs lui-même a dû paraître léger aux Cairotes le jour où ils virent le cadavre du dernier et du meilleur de ces despotes militaires, Touman Bey, suspendu à la porte de la grande mosquée de sa capitale.

Ce sont eux, les sanguinaires et luxurieux chefs de soudards, que nous allons visiter dans leurs dernières demeures. Ils se sont élevé, comme de vrais Pharaons, de vastes résidences tombales où ils ont voulu trôner encore dans la mort. Comme les Pharaons, ils les ont édifiées dans le désert, qui, depuis l'aurore des temps, abrite tous les cimetières de l'Égypte, le sol de la vallée étant trop précieux pour qu'on en soustraie une parcelle aux vivants. Seulement, tandis que les Pharaons, établis à Memphis, ont bâti leur maison d'éternité sur les confins du désert libyque, dans cette région occidentale que la vieille Égypte attribuait pour séjour aux morts, eux, ils se sont installés dans le désert oriental ou arabique, aux portes du Caire.

Nous y allâmes en voiture ouverte, assaillis par un vent tellement violent qu'il nous enveloppait d'un vrai nuage de poussière ; par moments, le cocher, n'y voyant plus clair, était obligé de s'arrêter pour attendre que le nuage tombât et lui permît de continuer son chemin. Bientôt nous fûmes dans un immense cimetière musulman sans clôture, où de tous côtés se dressaient des milliers de tombeaux de toute grandeur et de toute richesse. Les plus humbles étaient formés d'une pierre plate avec une stèle à chaque extrémité ; les plus riches étaient de véritables sanctuaires. Au milieu de cette cité des morts on rencontrait quantité de maisons habitées, et d'autres qui ne le sont qu'à certaines époques de l'année, quand les vivants viennent passer quelques jours dans la société de leurs défunts. Quelle familiarité ici entre la vie et la mort ! L'Orient lumineux a le privilège d'effacer pour ainsi dire la sombre démarcation entre ces deux formes de l'existence : rien ici, de la sinistre poésie du cimetière, qui peuple de visions hideuses l'imagination des pauvres enfants du nord.

C'est dans cet entourage que surgissent les fastueuses sépultures destinées à immortaliser les noms de Kait Bey, de Barkouk, d'El Ghaouri et d'autres aujourd'hui oubliés : vaine immortalité qui vaut tout autant que l'oubli total, car qui se souvient de ces bourreaux de l'humanité et de leurs œuvres, et qui, s'il les connaît, s'abstient de les maudire? Leurs mosquées tombent en ruines, personne ne vient prier sur leurs tombeaux, et je ne sais ce qu'on fait de leurs fondations.

C'est ici que je rencontre également la mosquée funéraire de Tewfik Pacha, le dernier Khédive. Celle-ci, par exemple, n'est pas en ruines; elle est pleine de luxe; on dirait d'un opulent salon princier. J'y ai remarqué, pendu au mur, un de ces tapis comme l'Égypte en fait déposer un tous les ans sur le tombeau du prophète.

Du cimetière nous retournâmes à la citadelle, où nous pûmes admirer le panorama du Caire dans la splendeur du soleil couchant. Je connais peu de vues de villes aussi étendues : c'est une vraie mer de toits plats, du milieu desquels émergent les têtes gracieuses des palmiers et les fines aiguilles des minarets semés à profusion dans l'immense cité. Nous avons contemplé longuement ce grand spectacle. On nous a montré le « saut du mamelouck », où j'ai eu plaisir à retrouver une légende que j'ai rencontrée dans tous mes voyages, depuis l'Irlande jusqu'à l'Espagne, depuis l'Allemagne jusqu'à l'Égypte : il n'est pas un rocher un peu caractéristique du haut duquel la tradition ne fasse sauter soit des amants désespérés, comme Sapho à Leucade, soit des princes prisonniers, comme Louis le Salique à Giebichenstein, soit des fugitifs serrés de près par l'ennemi, comme le cheval Bayard à Dinant. Ici, c'est lors du massacre des mameloucks à la citadelle par ordre de Méhémet Ali, en 1829, qu'un des soldats voués à la mort fit le grand saut. Il arriva heureusement à terre, dit-on, et parvint à se cacher pendant quelque temps; malheureusement, il fut repris peu de jours après et exécuté : la générosité n'est pas une vertu des princes musulmans.

Quittant la citadelle, nous avons gravi le sommet du rocher qui la porte, et qui s'appelle le Mokattam. C'est une colline de 200 mètres de hauteur, qui a été profondément entaillée pour en extraire les matériaux à bâtir : le Caire, peut-on dire, sort presque tout entier des flancs du Mokattam. Aujourd'hui, on n'y voit plus guère que des carrières abandonnées, des excavations gigantesques formant précipice, entre lesquelles un chemin à pente très rapide vous mène jusqu'au sommet. Toute la montagne a quelque chose de farouche et de tourmenté qui fait penser à un paysage de l'enfer de Dante. Nous n'eûmes pas à nous repentir d'avoir, pour arriver au sommet, avalé des flots de poussière, car une fois là-haut, nous jouîmes d'un spectacle bien plus merveilleux que de la citadelle. Ce n'était plus la ville seulement, c'était tout le paysage d'amont et d'aval que nous avions là sous les yeux dans la gloire du couchant.

Vers le nord, on voyait naître la bifurcation du Nil qui circonscrit le Delta, envoyant un de ses bras vers Rosette et l'autre vers Damiette, tandis que le Caire apparaissait, selon l'expression arabe, comme le diamant qui ferme la boucle de l'éventail. Du côté sud, c'était la vallée d'un vert éblouissant dans l'encadrement fauve du désert, que jalonnaient de distance en distance les pyramides de Sakkarah et d'Abousir. A l'Occident enfin, en pleine lumière, très haut sur l'horizon, apparaissaient les trois gigantesques triangles qui, depuis cinq à six mille ans, dominent avec une majesté incomparable cette scène d'opulence et de volupté. C'est d'ici, sans doute, que Chateaubriand contemplait la terre des Pharaons lorsqu'il écrivit cette parole :

« L'Égypte m'a paru le plus beau pays de la terre ; j'aime jusqu'aux déserts qui la bordent et qui ouvrent à l'imagination les champs de l'immensité ».

CHAPITRE VII.

LES PYRAMIDES.

Et les Pyramides?

Le lecteur bénévole se sera déjà demandé pourquoi je ne lui en ai pas encore parlé. Car enfin, n'est-ce pas? les Pyramides, c'est l'Égypte elle-même. Les voir, c'est l'avoir vue. Regardez plutôt les timbres-postes égyptiens; ils portent les pyramides et le sphinx et il n'est pas un enfant à qui il soit besoin de dire quel pays ils désignent.

Je parlerai donc des Pyramides, et je commencerai par un aveu. Je n'ai pas osé me donner cette originalité d'aller en Égypte sans les voir. Je ne dis pas que je ne l'ai pas rêvé. Car enfin, qui ne connaît les Pyramides sans les avoir vues! Le désert, les trois triangles; devant le premier, un sphinx, qui n'a ce tableau gravé au plus profond de son imagination et à qui une visite des lieux en apprendra-t-elle davantage?

Mais il y a le respect humain : s'il n'est pas absolument nécessaire d'avoir vu les Pyramides, il est indispensable de pouvoir dire qu'on les a vues. Et puis, il y a lieu de rendre la politesse aux quarante ou soixante siècles qui, dit-on, nous contemplent de là-haut. Allons donc les contempler à notre tour.

Mais d'abord, qu'entendons-nous par pyramides? Tout le monde se figure sous ce nom les trois monuments gigantesques bâtis par Chéops, par Chéfren et par Menkéré. Mais ils sont bien loin d'être les seuls de leur espèce : ils sont seulement les trois derniers et les plus grands de la vaste rangée de mausolées semblables qui s'aligne sur la rive gauche du Nil depuis le voisinage du Fayoum jusque près du Delta, au nombre de soixante-dix. Du temps des Pharaons, ils formaient comme une chaîne de collines artificielles ayant pour soubassement les terrasses du désert de Libye, et on les comptait par centaines. Toute la rive gauche, je l'ai déjà dit, était un vaste cimetière, et l'on a calculé qu'il y a là, cachés sous la terre et bien conservés, grâce à la parfaite sécheresse du sol, cent cinquante à deux cents millions de morts. Les Pyramides de Ghizeh forment à cette nécropole des propylées dignes d'elle.

J'ai dit les pyramides de Ghizeh, pour parler comme tout le monde. L'expression est inexacte toutefois. Ghizeh est dans la vallée, sur les bords du Nil; les Pyramides sont à Mena, à dix kilomètres de là, sur la lisière du désert. Un tramway électrique venant du Caire par Ghizeh vous conduit jusqu'au pied de la haute terrasse désertique où surgissent les trois colosses. Au pied de la terrasse est bâti l'hôtel Mena House, à l'usage des touristes. Il ne tient qu'au lecteur de constater que Mena ressemble furieusement au nom du premier roi d'Égypte, Ménès, et d'échafauder sur cette ressemblance des conclusions quelconques.

Après avoir été, comme je l'ai dit plus haut, sur le point de me singulariser en faisant un voyage d'Égypte sans aller aux Pyramides, j'ai fini par faire comme un vulgaire mouton du troupeau de Baedeker;

je suis allé, comme il le recommande, les voir au clair de lune. Si le lecteur veut m'en croire, il n'écoutera pas les guides qui lui conseillent cette romantique promenade. Je ne dis pas que cela ne serait pas fort émouvant de contempler les grands témoins de l'histoire dans le demi-jour mystérieux des nuits égyptiennes. Mais comme on fait la même recommandation à tout le monde, il s'ensuit que c'est par centaines que tous les soirs les touristes se précipitent vers la « solitude » ; je soupçonne même l'administration des tramways du Caire d'avoir des trams *clair-de-lune*. Si bien que quand vous arrivez, vous pourriez vous croire dans un marché, et la solitude est la seule chose que vous n'y trouvez pas.

Mais alors?... me dira-t-on.

Eh mon Dieu! je venais de dîner à Ghizeh, j'avais une soirée à dépenser, et mes hôtes m'offraient de me servir de guides. Baedeker n'est pour rien dans l'affaire.

Nous voilà donc qui, descendant du tram, gravissons la pente du désert près de l'hôtel Mena House. Au bout de quelques minutes nous sommes devant la pyramide de Chéops. Plus loin se dresse celle de Chéfren, plus loin encore, celle de Menkéré. Devant nous, le Sphinx; devant le Sphinx, les ruines du temple de Chéfren. Devant, derrière, à droite, à gauche, partout autour de nous des tombeaux, des ruines de pyramides, des mastabas, une ville souterraine entière qui fait moutonner le sol du désert. C'est ici le plus ancien cimetière du monde. Endroit propice, s'il en fût jamais, à une méditation philosophique dans le goût de celle de Volney, le mélodramatique auteur des *Ruines*. Peut-être m'y serais-je livré avec la fidèle complicité de la lune, qui me fut toujours propice, et aurais-je eu la chance, moi aussi, de voir apparaître un « fantôme blanchâtre enveloppé d'une draperie immense », qui m'aurait tenu un discours « analogue à la circonstance », comme on disait en 1793.

Mais il était écrit que cela se passerait plus prosaïquement. Nous n'avions pas encore gravi le plateau que nous étions assaillis impétueusement par des hordes de Bédouins criards et impudents, qui tourbillonnaient autour de nous comme des mouches à viande et qui, plus importuns que les *lazzaroni* du Vésuve, se disputaient nos personnes comme de véritables proies. Nous luttons avec vigueur contre cette forme moderne du brigandage de grand chemin; à force de *Imchî* (allez-vous en!) et de coups de coude, nous nous débarrassons de nos hommes. Je crois cependant qu'ils ne nous auraient pas lâchés si facilement s'ils n'avaient aperçu derrière nous un gibier moins récalcitrant.

Car c'est ici que la solitude au clair de lune apparaît dans sa beauté. Quand les cris de nos Bédouins s'apaisaient un peu, nous entendions au loin, derrière nous, d'autres cris, moins sauvages mais guère moins stridents, mêlés à de grands éclats de rire et à des exclamations diverses. La cacophonie devient de plus en plus aiguë, et soudain voici qu'au tournant du chemin en pente, apparaît toute une caravane à dos de chameau ou d'âne : ce sont des Anglaises qui arrivent en quantités invraisemblables, flanquées de leurs cavaliers empressés, lesquels sont flanqués eux-mêmes de Bédouins non moins empressés : offres de service, rivalités aigres-douces ou tapageuses des guides, gloussements des miss et hennissements des gentlemen, rien ne manque au concert...

Eh! sans doute, les Pyramides sont belles au clair de la lune, mais sans Arabes et sans Anglaises! Pour trouver la solitude ici, il faudrait y venir pendant les ardeurs de l'été, quand tous les touristes sont partis, planter sa tente à l'ombre de Chéops ou de Chéfren, comme font quelques vaillants, et laisser couler les heures du jour et de la nuit dans le tête-à-tête silencieux avec le désert et avec la mort.

Et pourtant, malgré les fâcheuses conditions que je viens de dire, l'effet que produit l'aspect nocturne des Pyramides reste grandiose et fantastique. On a beau se cuirasser de scepticisme devant un spectacle qui a inspiré tant de banalités, on est saisi malgré soi par la solennité du lieu, par l'énormité de la vision, par la grandeur tragique du cadre. Ils ont beau crier, rire et tapager, les barbares africains et européens qui m'entourent, leur vacarme se perd dans l'immensité de ce silence, et leur profane agitation ne saurait pas enlever son calme religieux et son éternelle sérénité à cet horizon sans pareil. Ah oui! je la retrouve quand même, cette solitude que je craignais de ne pas rencontrer; je sens, ô lune, ô étoiles, ô tombeaux, que vous n'avez qu'un témoin ici, et que je suis seul à m'entretenir avec vous du temps et de l'éternité.

Je ne crois pas qu'il y ait lieu de mettre par écrit notre dialogue. Considérez, ami lecteur, que nous voici devant ce que l'homme a élevé de plus prodigieux sur terre. Il importe peu que les Pyramides soient ou non les plus hauts monuments du globe, la tour Eifel n'étant pas encore un monument. Je veux bien que les tours de Cologne aient 160 mètres de hauteur et la pyramide de Chéops seulement 137, comme le disent MM. Perrot et Chipiez. Mais avec ou sans le prix de hauteur, les Pyramides restent une œuvre stupéfiante. La base de celle de Chéops a 54,000 mètres carrés, et l'ensemble comprend 2,300,000 pierres d'un mètre cube chacune. Et que serait-ce si elles étaient intactes! Mais il faut remarquer qu'elles sont littéralement écorchées : le magnifique revêtement qui les ornait autrefois a disparu avec l'éclat de ses couleurs, la vie de ses reliefs, l'intérêt de ses inscriptions. Seule, la pyramide de Chéfren garde à son sommet une partie de sa peau; pour celle de Chéops, si on peut aujourd'hui la gravir, c'est parce qu'elle a perdu toute cette robe de marbre jetée autrefois sur son ossature massive. Mais Hérodote au Ve siècle avant notre ère et Abdollalif au XIIe après Jésus-Christ ont encore vu de leurs yeux la beauté complète de cette construction géante, que le temps avait respectée mieux que n'ont fait les hommes. L'état dans lequel ceux-ci ont mis ces nobles monuments est un opprobre pour l'humanité. Ils ont essayé de les anéantir systématiquement, et il n'y ont pas réussi. Il faut lire dans Abdollalif le récit de cette entreprise de démolition; on travailla pendant une année entière, sous le sultan Osman ben Yousouf, à détruire la pyramide de Menkéré, puis on perdit courage et on se contenta de l'avoir égratignée.

Il est une question que tout voyageur se pose à l'aspect des Pyramides : « Comment a-t-on pu?... » et on y fait diverses réponses. Puisque aujourd'hui, avec le perfectionnement de nos instruments et la puissance de nos machines, nous nous sentons incapables de créer des œuvres pareilles, ne faut-il pas admettre que les Égyptiens avaient un secret, ou du moins des connaissances techniques infiniment supérieures aux nôtres et perdues depuis lors?

Mais non : leur secret, si c'en était un, s'appelait l'absolutisme. Les gigantesques monuments qu'ils nous ont légués se sont édifiés à force de vies humaines sacrifiées. D'immenses troupeaux de fellahs étaient amenés à pied d'œuvre sous le fouet des piqueurs, comme des bestiaux, et condamnés au travail jusqu'à ce que mort s'ensuive. L'Exode nous dit comment cela se passait encore deux mille ans après, du temps de Moïse. Et un relief nous met le spectacle sous les yeux. On a sculpté dans la carrière la statue colossale de Duhotep, chef du nome du Lièvre; elle a six mètres et demi de hauteur, et il s'agit maintenant de l'amener à destination. A cette fin, on y a attaché des cordes auxquelles sont attelés 172 hommes qui tirent de toutes leurs forces : on en aurait employé le double ou le triple, s'il l'avait fallu.

Tous les chefs-d'œuvre architectoniques de l'Orient s'expliquent ainsi. Voici un passage que je retrouve dans des notes prises en 1880 au British Museum de Londres sur l'art assyrien :

« Sennachérib fait bâtir. On voit des mul-
» titudes d'hommes attachés à des cordes et
» traînant un de ces monstrueux taureaux
» ailés à figure humaine qui gardaient
» l'entrée des palais de Ninive. Ils tirent de
» toutes leurs forces, pendant que les piqueurs
» leur caressent les épaules à grands coups
» de fouet, et que d'autres multitudes tra-
» vaillent avec des leviers puissants à soulever
» le monstre. Le roi, ombragé par un dais,
» est debout sur son char au sommet de la
» colline, et il contemple ce grand effort de
» sueur et de sang ».

Mettez ici Pharaon à la place de Sennachérib et un sphinx ou un Ramsès à la place d'un taureau ailé, et il n'y aura rien à changer pour faire de ce tableau une scène égyptienne.

Et cela a duré des milliers d'années! Lorsque l'Égypte devint un peuple conquérant, on attela de préférence les captifs à ces travaux forcés. Alors, sous un soleil de plomb, surveillés par des soldats sans pitié qui les bâtonnaïent, ces malheureux peinaient aux carrières pour en extraire les blocs gigantesques, traînant des statues d'un million de kilogrammes, comme celle de Ramsès qu'on peut voir encore au Ramesseum. Diodore de Sicile a assisté aux drames cruels qui se sont déroulés dans ces enfers terrestres à une époque où les plus grands monuments étaient achevés : qu'était-ce donc du temps qu'on les bâtissait?

Mais l'Égypte conserve tout, et le XIXe siècle a vu se reproduire les scènes qui ont marqué la construction des Pyramides. Quant Méhémet Ali fit le canal de Mahmoudieh, 250,000 paysans furent obligés d'y travailler un an et 20,000 périrent à la peine.

Quand on creusa le canal de Suez, Saïd Pacha réquisitionna 25,000 fellahs, qui restèrent à la tâche pendant trois ans. Et Mariette raconte que c'est la corvée encore qui lui a fourni les terrassiers avec lesquels il a pu faire les fouilles de Sakkarah.

Voilà à quel prix on eut les Pyramides : il suffisait d'y mettre les vies humaines. Elles sont les lugubres témoins des souffrances de l'humanité. Si leurs pierres pouvaient parler, quel poème de douleur et de mort chacune d'elles nous raconterait! Et quelle pyramide d'un autre genre on ferait avec les ossements des multitudes infortunées qui ont succombé sous ce travail meurtrier! Il faut prendre en pitié les braves gens qui viennent ici s'extasier sur la grandeur des civilisations d'autrefois et aussi les visionnaires qui rêvent je ne sais quelle explication mystique de leur architecture géante : art occulte, procédés perdus, symbolisme des nombres...

Non, les pyramides n'ont pas de secret, n'en déplaise au Sphinx et à ses dévots. Il n'aurait tenu qu'à moi de croire qu'il me regardait fixement, et qu'il me posait, comme à tout le monde, l'énigme éternelle que je ne résoudrai pas. Mais je ne sais si les bêlements du troupeau britannique me mettaient de mauvaise humeur ou si mon éducation de critique me jouait un tour; toujours est-il qu'au lieu de tomber dans l'état d'hypnose qui est obligatoire devant une majesté comme celle du Sphinx, je me permis de lui adresser la parole sur le ton le plus familier, absolument comme d'égal à égal.

« Sphinx, lui dis-je, tu ne m'en feras pas accroire. Et d'abord tu n'es pas un sphinx. Le sphinx ou plutôt la sphinx était une déesse des anciens Grecs : poitrine de femme et corps de lion. Toi, tu as le corps d'un lion et bel et bien le buste d'un homme. C'est par une méprise digne de ces enfants intelligents mais frivoles, les Hellènes, que tu as été confondu avec leur déesse. Tu es, toi, un dieu aussi, bien que je ne sache pas ton nom. Tu t'appelles peut-être tout simplement Chéops. Toutefois, je ne fais aucune difficulté de te baptiser Harmakhis, puisqu'il t'a plu de t'appeler ainsi toi-même lorsque tu apparus à Thoutmosis IV endormi à ton ombre, en l'an 1400 avant l'arrivée de celui qui a renversé les idoles. Tu suppliais alors le Pharaon de te désensabler, et il t'obéit, ce qui n'a pas empêché le sable de revenir à la charge, si bien que tu es toujours menacé d'être enterré vif, ô pauvre dieu!

» Donc, tu n'es pas un sphinx, et partant, tu n'as pas d'énigme à nous proposer! Tu as tout au plus une légende comme ton frère Memnon, qui te fait pendant là-bas à l'autre bout de l'Égypte, et qui ne mérite pas plus son nom que toi le tien. Oh! je le sais, l'imagination humaine ne l'entend pas ainsi : elle te veut mystérieux et impénétrable, parce que cela lui donne la jouissance d'un petit frisson. Et c'est ainsi que mes semblables ne cesseront de venir ici par caravanes tous les ans, se pâmer devant ta face mutilée et deviner quelque chose de tragique derrière ton masque impassible. Car il leur faut des légendes, aux pauvres hommes : ils rient de celles du moyen-âge, mais ils en fabriquent de nouvelles auxquelles ils croient avec ferveur. Hélas! je voudrais y croire aussi, mais, vois-tu, j'en ai trop manié dans ma vie....

» Et puis, si je devais te gratifier d'une légende, ce n'est pas celle de l'énigme qui me séduirait. Écoute, ô Harmakhis! Je t'ai vu il y a de cela des années, plus beau que tu n'es aujourd'hui, moins cassé, moins ridé, ferme et fier sur ton piédestal, contemplant de tes grands yeux immobiles le désert infini. C'était par une nuit sans lune, sous l'obscure clarté qui tombe des étoiles (pardon de te citer du Corneille). Entre tes pattes gigantesques au repos, une femme dort étendue, chastement drapée dans ses longs voiles. Ses bras, vigilants jusque dans le sommeil, serrent sur son cœur un petit enfant. Non loin, près d'un feu dont le filet de fumée s'élève tout droit dans l'atmosphère pure, un homme est étendu, plongé dans le pesant repos du voyageur fatigué. Un âne est debout près du feu ; son bât a été jeté à terre, mais on voit que l'animal humble et fidèle est prêt à reprendre son service au premier appel de son maître. Te souvient-il de ce tableau, et de l'hospitalité nocturne que tu as prêtée aux pauvres voyageurs? Toi, l'énigme supposée, tu t'es trouvé ce jour devant une énigme véritable que tu n'as pu résoudre. Eh bien, je t'en donnerai le mot : la femme, c'était la reine des cieux, et l'enfant, c'était l'Œdipe qui a résolu toutes les énigmes.

» Dis, ô Harmakhis, cette légende ne vaut-elle pas celle que les Grecs t'ont créée? Pour ma part, je crois qu'on a bien fait de te bâtir il y a six mille ans, pour permettre à un artiste chrétien, nommé Luc Olivier Merson, de te prendre pour le témoin de la « *Fuite en Égypte* ».

CHAPITRE VIII.

BABYLONE ET HÉLIOPOLIS.

Au sud de l'emplacement où s'élève aujourd'hui le Caire, surgissait, il y a quelques milliers d'années, une ville dont nous ne connaissons pas le nom, mais qu'il a plu aux Grecs d'appeler Babylone. J'avoue à ma honte que je ne suis pas entièrement sûr que cette ville ait existé, mais je n'ai pas cru pouvoir me dispenser de la visiter. C'est aujourd'hui une espèce de ghetto entouré de hauts murs d'origine romaine dans lequel vivent les Coptes, ces descendants authentiques des anciens Égyptiens, dont ils ont gardé le type physique et la langue, bien qu'altérée. Les Coptes sont chrétiens, mais en majorité schismatiques : leur christianisme anémié ressemble à un membre dont on aurait lié les veines ; il est sans force. Détachés de l'unité, ils n'ont pas su résister à l'assaut de l'islam : ils étaient encore la majorité de la population égyptienne au XVIIe siècle, ils n'en sont plus même le dixième aujourd'hui.

La nuit tombait quand nous nous engageâmes dans l'enceinte de la petite cité, qui se blottit à l'ombre de ses vieux murs et sous la protection de ses portes. Les rues sont étroites et sombres, avec des encorbellements qui, aux étages supérieurs, rapprochent les deux côtés de la rue de telle manière qu'on peut facilement passer d'une maison dans l'autre. Il régnait une solitude et un silence vraiment impressionnants ; par-ci, par-là, nous rencontrions un enfant qui se mettait à courir et à bondir devant nous en criant bakchich. Les cinq ou six adultes que j'ai rencontrés m'ont singulièrement frappé : il me semblait voir les figures qui peuplent les murs des temples et des tombeaux égyptiens descendues de leurs parois : ce sont bien ces larges visages, aux grands yeux, aux traits arrondis, à l'air intelligent et doux, des enfants de Mizraïm devenus comme des étrangers dans leur propre patrie, où le nationalisme est représenté par des Arabes!

Nous allions pour voir les anciennes églises que les Coptes possèdent ici, mais nous venions trop tard : la nuit était tout à fait tombée et c'est à grand peine si nous avons pu, à la fumeuse clarté des chandelles, jeter un coup d'œil sur le principal de ces sanctuaires, dédié à saint Georges. C'est une vieille et intéressante construction; le chœur est surhaussé avec des chapelles latérales; la nef est divisée en deux parties par des barrières transversales en bois, servant à séparer les sexes. On montre dans la crypte une niche où l'on veut qu'ait résidé la Vierge Marie, et plus loin, il y en a une autre pour saint Joseph. Cette tradition me semble puérile; ceux qui l'ont inventée se figuraient la sainte Famille traquée par la police internationale et obligée de se sauver dans des cachettes.

Combien plus touchante et aussi plus respectueuse de la vraisemblance, la légende qui fait reposer la sainte Vierge à l'ombre du sycomore de Matarieh! Matarieh est un village au nord du Caire qui devait être, au début de notre ère, un faubourg d'Héliopolis :

la tradition, qu'on trouve déjà dans l'*Évangile de l'Enfance*, a un parfum d'antiquité qui la rend vénérable. L'arbre, qui est un vieillard du monde végétal, en remplace un autre qui, sans doute, succédait lui-même à un plus ancien. Non loin, les jésuites ont bâti une jolie chapelle ornée de peintures relatives à la fuite en Égypte.

Je ne sais pas, ô Vierge des Vierges, si réellement vous vous êtes reposée à l'ombre du sycomore de Matarieh ou de son ancêtre; mais qu'importe? La légende a localisé ici, à sa manière, des souvenirs chers à tous les chrétiens. Vous êtes venue dans ce pays, vous y avez connu les fatigues d'un long voyage et les angoisses de la fuite. vous vous êtes reposée plus d'une fois sous les rares ombrages de la vallée; voilà ce qui nous suffit; l'arbre et la chapelle servent à nous le rappeler, et chacun de nous vénérera votre fuite en Égypte à sa manière.

C'est avec cette disposition d'esprit que j'ai franchi le seuil de la chapelle de Matarieh, me souvenant de la gracieuse invitation que j'ai souvent lue dans le midi de la France sur la porte des chapelles Notre-Dame :

> Si le nom de Marie
> Dans ton cœur est gravé,
> Pieux passant, n'oublie
> De lui dire un Ave.

Et puis, pourquoi ne pas le dire? Il y avait une douceur exquise à prier dans ce petit sanctuaire d'où sort un parfum de pureté virginale et qui fait l'effet d'une rose fleurissant au milieu des infections du monde musulman.

Maintenant, voici Héliopolis, ou On, comme l'appelaient les Égyptiens. Ville souveraine, plus ancienne que Memphis, centre du culte de Ra, le dieu du soleil, foyer de la théologie égyptienne et de la sagesse sacerdotale. C'est ici qu'ont été élaborés les systèmes cosmogoniques, qu'on a groupé les dieux en ennéades, qu'on a essayé de faire un corps de doctrine de la puérile et incohérente mythologie égyptienne. C'est ici que, tous les cinq cents ans, le phénix, venant d'Arabie, apportait dans une boule de myrrhe le corps de son père qu'il consacrait au soleil.

On comprend avec quelle compassion les prêtres de ce sanctuaire, vieille corporation qui comptait son histoire par milliers d'années, pouvaient dire au bon Hérodote : « Vous autres Grecs, vous êtes des enfants » (1). Héliopolis fait l'effet d'une espèce de Sorbonne égyptienne; son influence fut longue et profonde, et ses prêtres étaient parmi les premiers personnages de l'Égypte, puisque, au dire de la Genèse, la fille de l'un d'eux devint la femme de Joseph, ministre tout puissant de Pharaon. Tout cela entoure On d'une auréole presque surnaturelle et en fait comme la ville sacrée de l'Égypte.

Toutefois, Héliopolis ne fut pas ce qu'on appellerait aujourd'hui une grande ville : le tracé de son enceinte, dont quelques pans de murs permettent de reconstituer le périmètre, est de proportions modestes; il donne d'ailleurs l'impression d'un plan régulier et conçu d'avance. C'est, autant qu'il m'est possible d'en juger, le caractère de toutes les villes égyptiennes : elles semblent avoir été créées

(1) Hérodote II, 73.

de toutes pièces et en une fois, elles ne se sont pas formées à la longue comme nos villes occidentales du moyen âge, dont la pittoresque irrégularité est le principal charme; inutile de dire qu'elles n'ont pas eu davantage la force d'expansion des nôtres, qui font éclater leurs ceintures à un moment donné et qui opèrent dans tous les sens des sorties conquérantes, prenant possession pour toujours des campagnes de leurs banlieues. C'est que les villes égyptiennes sont la création des rois, et que chaque Pharaon se fait la sienne, qui est abandonnée à sa mort : pour qu'elle continue d'attirer sur elle l'attention de l'histoire, il lui faut posséder des monuments prodigieux comme ceux de Memphis et de Thèbes, ou constituer un centre religieux ayant l'importance de celui d'Héliopolis

Aujourd'hui, Héliopolis est une solitude profonde, et pas un visiteur, en foulant les champs cultivés qui occupent l'emplacement où elle s'éleva, ne se douterait qu'il a existé ici une société civilisée dont l'action a rayonné pendant quelques milliers d'années sur toute la vallée du Nil. Pour le lui rappeler, il n'y a que l'obélisque, le plus ancien de ceux que l'Égypte a conservés. Au XIIIe siècle il avait encore, comme tout obélisque, son jumeau, dont la moitié supérieure s'était écroulée, et tout un peuple d'autres obélisques plus petits se dressait aux alentours, mêlé à des statues colossales de dieux et de rois. Le vieillard de pierre surgit, comme la colonne Trajane de Rome, du fond de son niveau primitif aujourd'hui enterré; il porte sur ses quatre faces le cartouche du roi Senouosret, qui vivait environ 2,000 ans avant Jésus-Christ. Il y a donc près de 4,000 ans qu'il est debout, portant sans fatigue le poids des siècles. Il a vu passer les hommes et les empires, il a assisté aux batailles, il a entendu les cris de guerre, les imprécations, le tonnerre des canons français et arabes, mais, comme tous les vieillards, il a oublié ces choses trop récentes et il continue de se bercer des souvenirs de sa jeunesse, redisant éternellement aux âges ces paroles immuables : « Senouosret, fils du soleil, aimé des esprits, m'a édifié lors de son premier jubilé ».

C'est du moins la traduction que donnent les égyptologues, et je m'en voudrais de les contredire. Toutefois, à force de regarder ces hiéroglyphes, je me persuadai que l'inscription était une cryptographie et je parvins à lire vaguement ceci :

« Bâtissez des monuments, ô grands de la terre, si vous voulez que votre nom vive dans la mémoire des générations. Gagner des batailles n'est rien : mon Senouosret sera connu des hommes alors que, depuis longtemps, on aura oublié qu'à mes pieds un certain Kléber a fait du carnage avant-hier ».

De mon essai de déchiffrement je fus tiré par un spectacle nouveau et inattendu. Du côté de l'est, en face de moi, mais déjà sur le plateau désertique, une autre ville surgissait, toute neuve, toute fraîche, remplie de palais et de villas, étalant le luxe et l'élégance de l'Europe en face des ruines pharaoniques. Je me demandais quelle Héliopolis nouvelle sortait du sein des déserts, et pour le savoir je sautai dans un tram qui me conduisit au beau milieu de cette ville de féerie. Ce n'était pas pourtant la baguette d'une fée qui l'avait tirée de terre, car j'y vis des ouvriers qui travaillaient à la sueur de leur front à créer de nouveaux quartiers; c'était bien le travail humain qui faisait surgir ici un Caire européen, avec des conduites d'eau, des égoûts, des éclairages électriques, des téléphones, des trains le reliant au Caire musulman, bref, avec toutes les installations d'une ville de suprême modernité, sans oublier des parterres de fleurs poussant au milieu des sables fauves, dans de la terre végétale apportée du dehors. Dans cette cité de rêve, il y a un hôtel superbe qui, naturellement, se devait de posséder la plus grande salle de restaurant qu'il y ait au monde, huit cents personnes, à ce qu'on m'a dit, pouvant y manger à de petites tables. Telle est la nouvelle Héliopolis, qui venait, quelque temps avant notre arrivée, d'avoir sa semaine d'aviation où étaient accourus tous les oisifs et tous les sportmen de l'univers.

Cette ville est la création du baron Empain. Les rois de la finance travaillent aujourd'hui comme autrefois les Pharaons : ils construisent des capitales d'une seule pièce. On compte attirer ici une population nombreuse d'étrangers : tous ceux qui le pourront s'empresseront, me dit un ami, de fuir la fournaise empuantie du Caire pour venir respirer l'air pur de la campagne, sur un sol vierge encore que drainera dans tous les sens le travail civilisateur de l'industrie. Je souhaite à l'œuvre de M. Empain beaucoup de succès; je lui souhaite surtout de ne pas être hospitalière aux tripots et à leurs tenanciers, qui auraient bientôt fait de ramener ici toutes les infections du Caire.

La nuit tombait quand je quittai la nouvelle Héliopolis, et je dus renoncer à pousser jusqu'à El Merg, station terminus de la ligne, où je comptais me donner un tout autre spectacle que celui des villes mortes ou des villes naissantes. J'y aurais assisté à la naissance artificielle de Chantecler et de sa famille! On les y produit dans de vastes fours dont chacun contient en moyenne quatre mille œufs, et qui, chauffés selon des procédés secrets, livrent régulièrement à peu près le même nombre de poulets. Ce qui m'intéressait dans cette industrie, dont la description m'avait été faite par des amis qui l'ont étudiée, c'est que je la connaissais déjà par Diodore de Sicile et par Abdollatif. Ce dernier lui consacre une étude des plus minutieuses et assure qu'il n'y a pas à sa connaissance un seul poulet en Égypte qui ne provienne de ce couvage artificiel. « Il y a même, ajoute-t-il, beaucoup de gens qui ignorent que les poules couvent elles-mêmes (1). Voilà donc un procédé industriel qui dure d'une manière ininterrompue en

(1) Abdollatif, Relation de l'Égypte, p. 126 de la traduction allemande de Wahl (Halle 1790). Je n'ai pu me procurer celle de Sylvestre de Sacy. Depuis lors, j'ai lu dans un pèlerin allemand du XIVe siècle la curieuse description que voici du même procédé de couvage :

« In Carra sunt domus demissae et bassae in modum stuparum factae; in his sunt fornaces in quibus super fimum ponuntur ova, et ex tali calore pulliculi ex ovis efficiuntur et exeunt, quos dominus recipit et dat vetulae quae pulliculos in gremio alit et fovet ut gallina sub alis et nutrit ac custodit et sunt in partibus illis infinitae vetulae quae ex aliquibus victum non trahunt nisi pulliculos sic alendo et custodiendo, propter quod ibidem tot sunt pulli quod arenae maris possunt exaequari. Nam semel in septimana unus rusticus saepe quinque vel sex millia pullorum cum virga ante se ducit ad forum ut pastor oves et sumit camelum vel aliam bestiam

Egypte depuis au moins deux mille ans, et dont on n'est pas encore parvenu à découvrir le secret : on m'assure que des Américains l'ont essayé, mais qu'ils ont abouti à un échec.

C'est ainsi, que sur la terre extraordinaire que nous parcourons, l'attention du visiteur, tour à tour sollicitée dans la même journée par les spectacles les plus opposés, va des obélisques de Senouosret aux villas de M. Empain, et de la résurrection du phénix à l'éclosion des poulets !

---

cum sportis quas in via ex ovis pullorum implet, et dum venit ad forum ad pullos deputatum, nunquam unum pullum amittit, nec unquam pulli unius miscent se cum pullis alienis, quod tam est valde mirabile, cum tot millia pullorum in unum locum conveniant.

Ludolphe de Suchen, *De Itinere Terrae Sanctae*, éd. Keller, Stuttgart, 1851, p. 51.

CHAPITRE IX.

LE MUSÉE ÉGYPTIEN.

Quelle merveille que le musée égyptien du Caire! Je dirais volontiers que c'est le plus beau du monde, si j'en devais juger d'après mes impressions personnelles. Quand vous y entrez, vous êtes transporté à cinq mille ans en arrière; il semble que vous soyez dans un palais d'Ousirtasen ou de Thoutmosis, dont une baguette de magicien aurait soudain pétrifié la population. Toute la civilisation égyptienne sort ici du tombeau avec ses colosses et ses bijoux, et même avec ses momies En circulant de salle en salle, vous êtes comme porté sur le fleuve des âges, de la première dynastie jusqu'à la fin de l'Égypte. Il vous en reste une impression d'une puissance et d'une majesté sans pareilles.

Je n'ai pu malheureusement passer au Musée que six matinées. La première a été consacrée à une exploration d'ensemble, les cinq autres à l'étude des siècles les plus reculés. Le musée est classé chronologiquement, sauf que le rez-de-chaussée est pour les monuments colossaux et l'étage pour les objets moins lourds. On y peut, le catalogue en mains, faire un cours d'histoire égyptienne.

Ce qui vous stupéfie tout d'abord, c'est la prodigieuse antiquité de l'art dont vous contemplez ici les produits. Il est fixé dès les premiers temps que nous pouvons atteindre par l'histoire. Lorsque l'on construisit les grandes Pyramides, il y a six mille ans, il était arrivé à un degré de perfection qui n'a plus été dépassé par la suite.

C'est à la IVe et à la Ve dynastie qu'appartiennent les plus beaux spécimens existants de l'art égyptien Les artistes de la XIIe dynastie ont pu s'en approcher, l'atteindre même sous certains rapports : ils n'ont pas été au-delà. Et pour ceux de la XVIIIe dynastie, ils ont bâti des temples plus gigantesques, sculpté des statues plus colossales; leur art n'a plus l'aisance, le naturel, la chaude spontanéité de celui de leurs prédécesseurs.

Il se borne d'ailleurs à le reproduire; il n'a pas d'autre idéal, pas d'autre procédé. Pour tout dire, l'art égyptien n'a plus fait de progrès depuis l'époque de Chéfren. La tendance novatrice qu'on rencontre sous Amenhotep IV dans la religion et dans l'art n'était pas un progrès à tout prendre, et d'ailleurs elle échoua : au surplus, ce qui en est demeuré ne permet pas de regretter beaucoup son échec. Les vieux motifs restèrent donc prépondérants dans les ateliers égyptiens; l'esprit conservateur y célébra de durables triomphes. Les types une fois créés et consacrés ne cessèrent de solliciter la pensée et la main des artistes. Ils avaient été arrêtés à une époque où la technique n'était pas encore sortie de l'enfance; on leur resta fidèle même après qu'elle se fut perfectionnée d'une manière notable. C'est qu'ils étaient sous la protection de la religion; le respect pour elle et pour la tradition des ancêtres défendait de s'en écarter.

Les modernes ont un nom pour désigner en matière d'art la représentation conventionnelle des choses : ils appellent cela styliser. Eh bien, les Égyptiens ont stylisé des milliers d'années avant la *lettre*. Voyez les innombrables reliefs de leurs temples et de leurs tombeaux : à côté d'une technique souvent très raffinée, vous y retrouvez des procédés enfantins qui vous déconcertent. L'art égyptien n'a jamais essayé de rendre la perspective; quand il lui faut représenter les divers plans d'une scène, il les place tout simplement l'un au dessus de l'autre. Les personnages humains qu'il nous présente ont l'air d'être aplatis contre le mur. Quand on dit qu'ils sont vus de profil, cela doit s'entendre avec de grandes réserves. En réalité, on ne les voit ni de face, ni de profil, car l'artiste a imaginé une transaction des plus bizarres entre ces deux aspects. La figure se présente de profil, mais l'œil unique vous regarde de face. Les épaules sont de face, mais le buste est de profil, comme aussi le reste du corps, y compris les jambes. Chaque personnage a deux pieds droits et deux mains droites, l'opposition symétrique de la droite et de la gauche étant, dirait-on, un fait d'observation qui se place en-deçà de l'âge où l'art égyptien se constitua. Dira-t-on que l'artiste, même aux belles époques, a été incapable de le rendre? Je ne puis pas le croire; apparemment, s'il l'a négligé, c'est qu'il le voulait ainsi. Des égyptologues de ma connaissance trouvent qu'il avait raison, et que notre art moderne a lui aussi ses conventions!

Les motifs eux-mêmes sont immuables tout comme la technique. Les thèmes traditionnels se reproduisent pendant quatre mille ans, depuis le commencement de l'âge historique jusqu'à la veille du triomphe du christianisme. Voyez, par exemple, le geste violent du Pharaon tenant par les cheveux un ennemi prosterné et s'apprêtant à lui écraser la tête avec une massue. Il apparaît déjà sur la palette du roi préhistorique Nar-Mer, découverte en 1896 dans les fouilles d'Hiérakonpolis. C'est le geste en quelque sorte rituel de l'Égyptien victorieux immolant l'ennemi vaincu à ses dieux; vous le rencontrerez depuis les carrières de l'Ouadi Magharâh dans la péninsule du Sinaï jusque dans l'île déjà nubienne de Philé. Pas de sanctuaire où il ne se montre, pas de siècle où il ne se répète : que le roi s'appelle Ménès ou Sahouri, Ousirtasen ou Thoutmosis, Ramsès ou Taharqua, Ptolémée ou César. il n'importe; l'art reste voué à la reproduction perpétuelle de la même scène de cruauté, et le seul progrès qu'il se permette consiste dans les proportions. Le groupe est devenu plus grand, et au lieu d'un ennemi. il y en a plusieurs dont Pharaon tient les têtes réunies dans sa main en un faisceau de douleur. Si un temple égyptien avait été bâti sous le règne de Marc Aurèle, l'empereur philosophe y aurait figuré dans cette attitude de boucher.

Et pourquoi cette fixité des types, cette permanence des motifs, même lorsqu'ils ont cessé de correspondre à des réalités, comme celui dont je viens de parler? Parce que l'art égyptien est essentiellement un art religieux ou plutôt liturgique. Il n'y a guère jusqu'à présent que les temples et les tombeaux qui nous l'aient rendu, et l'on peut même se demander s'il a existé en dehors d'eux. Il est permis de croire que si les artistes égyptiens n'avaient pas été enchaînés à l'immuable raideur hiératique de la tradition, ils auraient été plus loin. Ce qui le prouve, c'est le progrès qu'ils ont réalisé chaque fois qu'ils n'ont pas été les esclaves de quelque convention.

Je prends pour exemple la statuaire. Celle-ci s'est émancipée des types conventionnels bien plus que la glyptique murale. Les spécimens que nous en conservons ont une incroyable vérité de vie : voyez les statues de Chéfren et de Chéops, voyez le Scheickh el Béled, le scribe accroupi du Louvre, le nain Knoumhotep, le couple princier Rahotep et Nofrit, le roi Pepi et plusieurs autres. Comme on voit qu'ils ont vécu, et comme leurs images sont restées vivantes ! Quel vigoureux réalisme ! Ne dirait-on pas tels de ces personnages qui se meuvent en chair et en os autour de vous, tant l'artiste a bien saisi le type ambiant et a su le rendre dans toute sa richesse de vie.

L'histoire du Scheick el Béled est, sous ce rapport, bien significative. Lorsque les ouvriers de Mariette l'exhumèrent à Sakkarah de la tombe où elle était depuis 5,000 ans, il n'y eut parmi eux qu'un cri : ils avaient reconnu dans cette figure paterne et satisfaite les traits du scheick de leur village et aussitôt ils lui en donnèrent le nom. Le vocabulaire artistique a ratifié ce jugement spontané de la foule.

Les reliefs muraux eux-mêmes, dès qu'ils cessent de camper devant nous les figures conventionnelles des dieux et des rois, nous offrent de merveilleuses représentations de la vie quotidienne. En Égypte comme en Assyrie, les humbles scènes de l'existence vécue au jour le jour, parmi les travailleurs de la ville et des champs, parmi les troupeaux ou parmi les fauves, sont traitées avec une prédilection à rendre jaloux les Pharaons. Sans le secours de la couleur, du relief, de la perspective, avec de simples traits et le seul jeu des lignes, l'artiste évoque devant vous tout le monde des champs et des métiers, toute la hiérarchie du travail, toute la variété de l'existence civilisée dans ses couches profondes. On est confondu du savoir-faire et, pourquoi ne pas le dire? de l'amour avec lequel l'instrument de l'ouvrier égyptien fait apparaître sur les parois sacrées nos humbles « frères inférieurs », comme disait le *poverello* d'Assise. Voyez ces ânes égyptiens, si élégants et presque gracieux, ces chiens au corps fin et élancé, ces bœufs paisibles dressant la paire de vastes cornes qui est la « gloire de leur front », comme ils sont vrais! comme ils vivent! Voyez ces oies qui sortent de la pyramide de Meidoum, vieilles de cinquante ou soixante siècles : elles se détachent du mur, elles se promènent, elles pâturent; ne les effrayez pas : elles vont ouvrir les ailes et s'envoler! Non, sous le rapport de la puissance imitative, l'art égyptien, quand il travaille le genre, n'a laissé pour ainsi dire aucun progrès à faire à la postérité.

Pris dans son ensemble, toutefois, cet art n'est pas un grand art. Comme l'a dit excellemment Mariette, « il n'est beau que relativement à lui-même » (1). Les personnages se bornent à être vrais, mais d'une vérité

(1) Voyage dans la Haute Égypte, t. 1., p. 61.

lourde et basse, que n'embellit aucun éclair de poésie. De toutes ces œuvres, il n'y en a pas une qui porte la signature du génie. On voit trop bien que les plus grands artistes ne sont en somme que des artisans bien doués.

Il en est d'eux comme des artistes byzantins ou chinois : ils peuvent triompher dans la technique, ils peuvent nous faire des bijoux qui sont la perfection du genre, saisir et reproduire des coins de nature dans des tableautins qui semblent sortir de la chambre obscure d'un kodak, ils ne vont pas au-delà. Il leur a manqué la passion du beau, avec la noble ambition de le fixer dans leurs œuvres. Ils n'ont pas travaillé sous ce rayon d'idéal qui transfigure tout, comme le soleil. Leur esprit se traîne à terre sur les pas de la réalité vivante; il ne prend jamais l'essor, il n'éprouve pas le besoin de s'envoler dans les hautes régions. Le monde infini du sentiment et du rêve leur est fermé. Que ne donnerions-nous pas pour surprendre un seul battement de cœur sous l'impassibilité marmoréenne de toutes ces statues de rois, qui nous sourient toujours du même sourire banal et compassé !

Je voudrais mettre un correctif à ce jugement sévère. Il y a, dans la plastique égyptienne, un trait qui est noble et profondément humain : c'est, sinon l'expression, du moins l'indication de la tendresse conjugale. Quand deux époux sont représentés ensemble sur un relief, la femme, placée derrière l'homme, lui tient le bras d'une main et pose l'autre sur son épaule : geste gracieux et doux qui semble renfermer tout un poème d'amour. Les époux sont-ils figurés par des statues ? C'est encore la main de la femme, posée sur l'épaule du mari, qui symbolise leur lien d'affection. Ces gestes ont beau être stéréotypés en quelque sorte, ils plaisent et parfois ils touchent, malgré la gaucherie de l'exécution. Certes, si vous comparez les groupes conjugaux de l'art égyptien à l'admirable relief des deux époux romains qui est aujourd'hui conservé au Musée du Vatican, vous retrouverez une fois de plus la supériorité de l'art occidental. Jamais la sainteté du lien conjugal n'a trouvé une expression plus noble que dans cette matrone, jeune encore et belle, qui serre contre son cœur, avec une grâce si pudique, la main de son rude et austère mari. Il a beau affecter la froideur : on sent qu'il est fier d'elle, et qu'il se repose avec une confiance sans bornes sur cette tendresse dont il sait le prix. Les épouses égyptiennes n'ont pas le charme suprême de la matrone romaine, mais elles ont sa tendresse, et l'on ne s'étonnerait pas d'entendre de leurs lèvres de pierre tomber à l'adresse de leur époux cette douce parole du don total : *Si tu Gaius, ego Gaia.*

Ce que je viens de dire à la gloire des épouses égyptiennes comporte une exception. Parmi tant de couples, en voici un, le plus remarquable même de tous, qui dédaigne de concourir pour le prix Montyon : c'est celui de Rahotep et de Nofrit, qui ont quitté pour la banale publicité du Musée la paisible retraite de leur mastaba de Meidoum. Ils sont assis côte à côte sans se préoccuper l'un de l'autre. La belle Nofrit n'éprouve pas le besoin de donner à son mari la marque conventionnelle d'une tendresse qui lui semble trop bourgeoise : elle a les deux mains cachées dans le grand manteau blanc qui l'enveloppe des pieds à la tête, et elle vous regarde en face avec les yeux hardis d'une grande dame consciente de sa supériorité sur les croquants qui passent devant sa vitrine. Je la soupçonne de s'être mésalliée, et son Rahotep me fait de tout point l'effet d'un prince-consort.

Je quitte ce couple frigorifique et je continue de déambuler de salle en salle. J'admire comment est rendue l'idée égyptienne de la royauté. Quand on lit dans les livres que l'Égypte avait réalisé plus complètement que les autres peuples la notion d'un roi-dieu, cela ne dit rien à l'imagination, parce que des formules scientifiques ne sauraient nous aider à franchir l'abîme qui sépare notre tour d'esprit de celui des peuples qui voyaient dans leurs souverains un être surnaturel. Mais au Musée du Caire, le concept païen reçoit une expression tellement plastique, que soudain on se trouve transporté à cinq mille ans en arrière, face à face avec la réalité de l'histoire. Comment ne pas comprendre la divinité du Pharaon devant tous ces reliefs où le roi, debout ou assis sur son trône, reçoit les hommages de ses peuples prosternés à ses genoux? Ils l'adorent dans l'attitude et avec les gestes qu'ils ont devant leurs dieux; ils sont tout petits et lui est de proportions colossales; sans les hiéroglyphes qui nous détaillent longuement la signification des scènes, on ne se figurerait pas que l'objet du culte n'est qu'un homme comme nous.

L'impression grandit encore quand on voit Pharaon, de son côté, porter ses hommages aux dieux. Comme il est de leur sang, il est aussi de leur taille; il reste debout devant eux, il les traite d'égal à égal, il leur offre, avec des gestes protocollaires dictés par la conscience qu'il a d'être leur semblable, les sacrifices auxquels ils ont droit, et qu'il recevra lui-même de ses successeurs quand il quittera la terre pour aller prendre sa place parmi les bienheureux immortels. Les premières fois qu'on voit de ces reliefs, on ne sait trop qui est le dieu et qui est l'homme, tant l'artiste a eu soin d'accentuer leur égalité fraternelle. Ils se donnent la main, comme Ramsès II et la déesse Hathor dans un grossier relief du Sinaï, que l'on trouve au Musée de Bruxelles; ils se frottent nez contre nez, comme je vois faire Usirtasen et un dieu dont le nom m'échappe, et des déesses donnent le sein, en signe de maternité, à des Pharaons adultes et grands comme elles-mêmes. Il y a même des scènes où le dieu qui reçoit les hommages et le Pharaon qui les lui offre sont un seul même personnage, qui n'a pas attendu la mort, comme l'empereur romain, pour revêtir le caractère divin. Jamais le mensonge politique n'a pris des proportions plus gigantesques et ne s'est imposé d'une manière plus impérieuse à l'esprit des hommes. Supprimez la divinité du Pharaon, toute la religion égyptienne croule par la base.

Ce qui me frappe encore, c'est que l'art égyptien est avant tout un art funéraire. Tout ce que nous en possédons vient des tombeaux ou des temples, qui sont des manières de tombeaux encore, puisque temples et tombeaux sont des *maisons d'éternité*, celles-là pour dieux, celles-ci pour hommes. Je sais bien ce qu'on peut objecter. Il ne nous est resté de la société égyptienne que des tombeaux et des temples, et nous ne devons pas juger de l'ensemble de cette société par ce qui en reste. L'objection ne semble pas fondée. Si les autres édifices égyptiens avaient été construits avec le même soin que les pyramides, les mastabas et les temples, à coup sûr ils n'auraient pas disparu d'une manière totale.

On sait d'ailleurs que les habitations privées et même les palais étaient d'une architecture beaucoup plus précaire que celle des édifices sacrés; on en changeait souvent; les rois avaient même l'habitude de ne pas habiter le palais de leur prédécesseur. Aucune résidence terrestre n'avait la solidité d'un sarcophage. Tout le monde se préoccupait du sien, et mettait à le faire fabriquer et orner un zèle religieux. Nous ne connaissons pas de jeune ménage égyptien qui se soit arrangé son nid; nous connaissons plus d'un grand seigneur égyptien qui a commandé son sarcophage. On le faisait venir de loin, on le faisait tailler sous ses yeux; les rois, quand ils voulaient témoigner leur satisfaction à un de leurs sujets, leur donnaient un sarcophage, comme, au XVIIIe siècle, ils lui donnaient une tabatière.

On allait jusqu'à voler ce précieux meuble (est-ce bien meuble qu'il faut dire?) avec les stèles funéraires qui l'accompagnaient. L'ancienne Rome a connu les inscriptions opistographes, l'Égypte a ses stèles palimpsestes. Voici, par exemple, celle d'un individu nommé Ti. Une femme du nom de Hani a fait main basse sur le monument qui le représentait; par ses ordres, un sculpteur a transformé la figure de Ti en figure de femme, mais il ne s'est pas si bien acquitté de sa tâche que les traits virils ne reparaissent sous le masque féminin et ne dénoncent l'usurpation sacrilège.

Et ce ne sont pas seulement les particuliers qui se permettent ces attentats à la propriété d'outre-tombe; les Pharaons les ont pratiqués dans une large mesure, biffant les noms de leurs prédécesseurs sur les monuments et sur les statues pour y substituer le leur. L'un de ces princes, Ramsès II, est même un véritable spécialiste du plagiat funéraire, et, par un juste retour des choses, il a trouvé dans son fils Měnephtah un trop fidèle imitateur, qui lui a rendu mesure pour mesure.

Des sarcophages à leurs habitants, la transition est trop naturelle pour que j'aie besoin de la chercher. Parlons donc de ces pauvres momies des Pharaons dont on possède ici une si riche collection. Conservées au premier étage, elles sont pour beaucoup de visiteurs la principale attraction du Musée. Voici presque au complet les grands hommes de la XVIIIe et de la XIXe dynastie, chacun sous sa vitrine : ils y sont tels qu'ils furent mis au tombeau il y a une trentaine de siècles, et le premier venu peut contempler dans leur misère infinie, dans leur irrémédiable néant, ces dieux auxquels on ne parlait qu'à genoux, ces puissants dont les pas faisaient trembler la terre !

Voici Tiouaken, un des derniers rois de la XVIIe dynastie. On savait qu'il fit la guerre dans le pays de Pount, et l'on supposait qu'il avait combattu contre les Hyksos. Sa momie nous apprend qu'il a succombé de mort violente, sans doute dans une bataille : un coup de hache lui a enlevé la joue droite, brisant la mâchoire et mettant à nu les dents; un autre coup de hache lui a fendu le crâne et déterminé un écoulement de la cervelle qui est venu faire une taie sur l'œil droit; enfin, un coup de lance lui a fait une profonde blessure sous l'œil gauche. Tiouaken s'inscrit dans le souvenir du visiteur par le hideux rictus qui fait de lui *l'Homme qui rit.*

Celui-ci, c'est Amenhotep I. Il est couvert de la tête aux pieds d'une guirlande de fleurs multicolores. « Une guêpe, attirée par l'odeur, était entrée dans le cercueil; enfermée par hasard, elle s'y est conservée intacte et nous a fourni un exemplaire probablement unique d'une momie de guêpe » (1). Et, du roi et de la guêpe, c'est encore cette dernière qui a le don d'intéresser le plus le visiteur.

Cet autre, c'est Thoutmosis I, le puissant

---

(1) Maspero dans *Mémoires de la mission acrhéologique française du Caire,* t. I, p. 537.

roi militaire qui inaugura les campagnes de Syrie. Figure qui aurait quelque chose de respectable et d'élevé, si elle n'était gâtée par le bas; la bouche, trop largement fendue, esquisse un sourire de mauvaise augure; « une expression très caractéristique de ruse et de finesse flotte encore sur les lèvres ».

Thoutmosis II, fils du précédent, nous offre le masque paternel sous les traits d'un dégénéré de peu d'intelligence. M. Maspero ne se voit pas obligé de recourir à l'expédient du barbier de Midas pour révéler à la postérité le secret de ce Pharaon : « sa momie, écrit-il, est couverte de stigmates attestant que ce roi, mort jeune, avait une maladie de la peau ».

Quant à Thoutmosis III, ce conquérant célèbre est encore moins beau que son frère : « le front est trop bas, l'œil enfoncé, la mâchoire lourde, la bouche épaisse; les pommettes font une saillie exagérée ». Si Thoutmosis II était un imbécile, celui-ci a tout l'air d'avoir été un butor.

Je saute plus d'un cercueil et j'arrive à ceux du milieu de la salle. Voici Séti I, dont la figure aux traits fins et réguliers exprime une douceur mélancolique ; l'on voudrait s'arrêter devant cette apparition qui appelle la sympathie, mais voici déjà, tout à côté, le grand Ramsès II qui réclame notre attention. Il ressemble à son père, mais en laid ; écoutez notre commissaire-priseur : « Nez busqué comme celui des Bourbons, expression peu intelligente, peut-être légèrement bestiale, mais de la fierté, de l'obstination et un air de majesté souveraine, qui perce encore sous l'appareil grotesque de l'embaumement ». Ainsi parle M. Maspero. Votre Majesté se reconnaît-elle à ce portrait, ô roi des deux Égyptes, fils d'Ammon, vainqueur de Quadesch? Hélas! de quelle autre manière on vous approchait il y a quelque 3,000 ans, et quel langage plus respectueux on vous parlait! Je n'eusse pas voulu être à la place du malheureux qui, alors, même parlant à son bonnet, vous eût trouvé « l'air peu intelligent et légèrement bestial ».

Voici Ménephtah, le fils de Ramsès II. C'est le Pharaon de l'Exode, qu'il ne faut pas s'étonner de rencontrer ici. Une fausse interprétation du Livre sacré le fait périr dans les flots de la mer Rouge : il survécut, au contraire, au désastre de son armée. Il eût pu, comme tous les Pharaons, se contenter de le passer sous silence dans les verbeuses inscriptions où il glorifie son règne; il eut l'imprudence de se dénoncer lui-même à la postérité, en essayant de présenter le désastre comme un triomphe. « Israïlou est rasé et la graine en a péri », dit-il dans une stèle découverte à Thèbes en 1896. Non, Sire, la graine d'Israïlou n'a point péri, et ce sont ses descendants qui viennent aujourd'hui, leur Livre sacré en mains, sourire des mensonges de vos historiographes officiels.

Il y a aussi des momies de reines au Musée. Ah! les pauvres femmes! Dans quel état le temps a mis les beautés dont le sourire a charmé le cœur des Pharaons! Peut-être, toutefois, les a-t-il traitées avec plus d'égards que les savants qui, après des milliers de printemps, sont venus les déshabiller sans scrupule et les analyser membre par membre, avec l'exactitude cruelle d'un opérateur sur un marbre d'amphithéâtre. Un sentiment de pitié me saisit devant leur double majesté de femmes et de reines, outragée par le scalpel d'une archéologie sans entrailles, à qui la pudeur féminine elle-même est obligée de livrer son secret, sous les yeux des Pharaons qui ne sont plus capables de protéger leur harem.

Ils n'ont pas lieu, certes, d'être contents, et ils l'ont bien fait voir. Le plus puissant parmi eux, le grand Ramsès II, a « manifesté » au nom de tous. Il a levé le bras avec un geste de menace à l'endroit des insolents qui lui arrachaient son linceul. L'événement a fait grand bruit et de bonne heure, comme il arrive d'ordinaire, il en a circulé deux versions. Je crois faire plaisir au lecteur en les lui communiquant l'une et l'autre.

Voici, sous la plume de Pierre Loti, ce qu'on peut appeler la version des poètes :

« Il a fait beaucoup parler de lui, le grand Sésostris, depuis son installation au musée. Un jour, tout à coup, d'un geste brusque, au milieu des gardiens qui fuyaient en hurlant de peur, il a levé cette main, qui est encore en l'air et qu'il n'a plus voulu baisser (1) ».

(1) Loti, *La Mort de Philae*, p. 60.

Et voici maintenant la version des historiens, que j'emprunte à M. Maspero :

Une momie ayant été laissée seule vers midi, les ouvriers, en revenant, constatèrent que « l'un de ses bras, auparavant allongé le long des flancs, s'était relevé à angle droit vers la poitrine et semblait les menacer.... Le bras, touché par les rayons lumineux, s'était échauffé et contracté sous leur influence : ce ne fut pas sans peine qu'on le ramena à sa position primitive ».

Des lecteurs naïfs me demanderont à laquelle de ces versions il faut ajouter foi. Je suis tenté de leur répondre : A toutes les deux. Historiens mes confrères, ne vous scandalisez pas de cette déclaration. Après avoir pratiqué votre métier pendant environ un demi-siècle et essayé de pourfendre quelques légendes, je me suis aperçu qu'elles sont de la famille de l'hydre de Lerne : abattez-leur une tête, il en repoussera une autre à sa place. Alors, ne vaut-il pas tout autant laisser en paix celles qui subsistent? Elles sont la seule chose que les bonnes gens connaissent de l'histoire; ils n'en sauront plus rien quand nous les leur aurons ôtées. Par ainsi, il faut en prendre notre parti : *Oportet .. legendas esse!*

Je ne sais si j'ai l'esprit mal fait, mais les momies m'ont gâté le Musée. Je lui en voulais de la piteuse hospitalité qu'il leur offrait et je songeais à la destinée de tous ces pauvres Pharaons. Après avoir été des dieux sur terre, ils se contentaient d'une tombe, et on ne la leur a pas laissée! Ces cachettes souterraines où ils allaient se blottir après le rêve de la vie, elles ont été découvertes; ces sanctuaires de la mort ont été violés par des mains impies, ces majestés défuntes ont été profanées par les plus vils des outrages! Et c'est leur peuple, ce sont leurs propres sujets qui leur ont infligé les plus ignominieux traitements.

A partir de la XXe dynastie, on pénètre dans les tombeaux pour les dépouiller. Les profanateurs s'attaquent d'abord aux particuliers; puis, enhardis par l'impunité et mis en appétit, ils osent descendre dans les sépultures royales. Les sarcophages les plus massifs sont ouverts ou perforés, les momies fouillées, arrachées de leur linceul, jetées à terre comme des loques, parfois, pour tromper la surveillance de la police, dérisoirement reconstituées avec de la bourre, du bois et des chiffons!

L'autorité s'émeut dans le commencement, la justice indague, on découvre les coupables et, ô honte! ce sont des serviteurs du temple d'Ammon! L'enquête semble avoir étouffé le bruit de peur du scandale, mais ce fut un remède pire que le mal, car il encouragea les pillards à continuer. Quelques années après, sous Ramsès IX, on arrêtait toute une bande; ils étaient soixante, la plupart petits fonctionnaires ou prêtres; ils avaient « travaillé » dans tous les caveaux royaux de Thèbes; Ramsès II et Séti I avaient reçu leur visite et successivement tous les rois y avaient passé. L'enquête et les procès n'arrêtèrent pas le cours des déprédations : il fallut s'aviser d'un moyen désespéré. On enleva de leurs tombes tous ces pauvres rois qui ne pouvaient plus se défendre, on les traîna de cachette en cachette, et finalement on les réfugia dans un caveau à Déir el

Bahri, où ils eurent 2,000 ans de repos. Hélas! ce n'était pas encore la fin de leurs misères. En 1875, la cachette fut retrouvée accidentellement par des fellahs, qui se mirent à vendre sous main les objets précieux qu'ils y butinaient. On finit par découvrir leur secret en 1881, et c'est alors qu'on transporta au Musée du Caire tout ce lot de Majestés en quête d'un gîte pour la nuit éternelle. Onze autres Pharaons s'étaient blottis dans le tombeau d'Amenhotep II, où on les retrouva en 1898. Le collègue qui leur donnait l'hospitalité avait reçu lui-même la visite des pillards, qui ne l'avaient pas épargné malgré la statue magique qui devait le protéger et sur laquelle on lisait : « Si vous attaquez ce tombeau, c'est à moi que vous aurez affaire ».

Et les voici maintenant tous réunis dans le refuge provisoire du Musée. Combien de temps dormiront-ils à l'abri des déprédateurs, sous les yeux indifférents ou moqueurs de la foule? Je ne sais, mais ce n'est pas le vandalisme des hommes qu'ils ont le plus à craindre. Depuis qu'on leur a arraché leurs bandelettes protectrices, un ennemi plus redoutable a pénétré dans leurs vitrines, et l'on prévoit que ce qui reste des Pharaons sera dévoré par la vermine. Et ainsi, leurs efforts désespérés pour conserver intacte leur enveloppe de chair auront échoué; pour eux, comme pour tous les autres mortels, s'accomplira la sentence prononcée à l'aurore des temps : ils sont poussière et il retourneront à la poussière.

CHAPITRE X.

MEMPHIS.

« Fille de Mizraïm, préparez-vous à la captivité. Memphis sera réduite en désert, elle sera abandonnée et deviendra inhabitable ».

Cette prophétie de Jérémie est aujourd'hui réalisée à la lettre. Memphis n'est plus. Elle a disparu comme si elle avait été balayée par le souffle du khamsin. Des villages qui s'appellent Bedrachin et Mitrahiné occupent l'emplacement de l'ancienne métropole égyptienne, à trente kilomètres en amont du Caire sur la rive gauche du Nil. Si vous avez le temps, pendant que les âniers de Bedrachin font trotter vos ânes vers Sakkarah, regardez autour de vous : ces collines de décombres, ce sont des monceaux de briques crues qui représentent les anciennes maisons de Memphis; ces grands blocs de granit, ce sont les fragments de temples aujourd'hui disparus.

On ne peut plus même se faire une idée de la magnificence de cette ville, qui fut le principal centre de la civilisation humaine à une époque où Thèbes n'était encore qu'un village. Où est-il, le superbe temple de Phtah, qu'ont admiré Hérodote et Diodore de Sicile et auquel ont travaillé tous les rois? Que sont devenus les admirables portiques dont il était entouré aux quatre points cardinaux, avec leur peuple de statues colossales de rois et de dieux? Où est-il, le quartier des Tyriens, au milieu duquel surgissait le superbe enclos de Protée avec le sanctuaire de Vénus étrangère (1)? Comme à Héliopolis, les ruines même ont péri. Et, stupéfait, au milieu de ces champs, vous vous demandez si réellement une ville a existé ici, et vous vous rappellez la légende de Chidr, le juif errant de l'islam, qui, repassant tous les mille ans aux mêmes endroits, voyait les villes converties en solitudes et les solitudes en cités bruyantes.

(1) Hérodote, II, 112, 121.

Ce qui reste de Memphis, du moins en partie, ce sont ses tombeaux, et c'est pour les visiter que nous allions à Sakkarah.

Le train nous avait conduits à Bedrachin : comme nous avions oublié de prévenir, nous trouvâmes à l'intérieur de la gare tous les ânes retenus d'avance. Heureusement, au dehors, il y avait d'autres âniers avec lesquels nous fîmes marché : ils devaient nous convoyer toute la journée et nous ramener le soir aux pyramides de Ghizeh.

C'est une race au plus haut degré antipathique et méprisable que celle de ces hommes. Ils affectent de parler toutes les langues et ils se contentent de baragouiner d'une manière inintelligible quelques mots de chacune. Ils vous envisagent absolument comme on fait ailleurs des oiseaux de passage que la périodicité des saisons amène sous le fusil du chasseur. Vous êtes leur proie : leur unique préoccupation, après qu'ils ont contracté avec vous, c'est de vous extraire, souvent sous les plus invraisemblables prétextes, le plus grand nombre possible de piastres supplémentaires. Je n'ai pas souvenance d'en avoir rencontré un seul à qui je pusse me fier, parmi tous ceux que j'ai employés. Pour leurs ânes, c'est autre chose : ils sont doux, jolis, fermes, patients et infatigables. Je me suis demandé parfois par quelle injustice du sort il n'a pas été réservé à ces intelligents quadrupèdes de bâter leurs âniers. Tout en eût été mieux, comme dit Garot.

Nous continuons de trotter sous un beau soleil à travers les champs semés d'orge et de courges. Deux statues colossales, couchées à terre à quelques centaines de mètres l'une de l'autre, sont ici tout ce qui reste de Memphis : l'une a dix mètres de hauteur et l'autre treize. Elles indiquent, sans doute, l'emplacement des temples devant lesquels elles se tenaient debout, immobiles dans leur majesté souveraine. Ce sont des Ramsès, comme disent nos Arabes, pour qui ce nom a surnagé seul sur l'abîme du temps qui a englouti les autres. Ils gisent là, sur ce sol que foulaient si puissamment leurs pieds de marbre. Les oiseaux du ciel viennent se jouer sur leurs têtes, les touristes évoluent autour d'eux en échangeant des réflexions banales ou ineptes, le soleil et la lune viennent les contempler tour à tour, et eux, muets, inertes, ils regardent avec leur sourire énigmatique et placide le grand ciel immaculé. C'est ma première rencontre avec les Pharaons, et, planté là devant eux, je me fais l'effet d'un Lilliputien guettant le réveil de Gulliver.

Une idée folle me vient à l'esprit. Hérodote parle d'une statue colossale qu'il a vue à Memphis, couchée devant le temple de Phtah. Si c'était celle-ci, et si, dans les yeux morts de Ramsès, je rencontrais le regard d'Hérodote, l'aimable charmeur de mon adolescence?...

Alentour, c'est la solitude, c'est la radiance du ciel, c'est la joie de vivre. A goûter ce contraste d'un immense néant et d'une éternelle jeunesse de la nature, il y a je ne sais quelle volupté intellectuelle qui agit comme une espèce de narcotique. On oublie de penser ici, on s'abandonne à la pente du rêve et l'esprit s'assoupit comme bercé par les oscillations d'un pendule qui s'en irait du présent dans le passé et qui reviendrait du passé dans le présent.

Je voudrais m'absorber ici, mais les âniers s'impatientent; la course sera longue et la journée est courte, la visite de Memphis est d'ailleurs terminée : en avant donc pour Sakkarah, c'est-à-dire pour les pyramides et les mastabas du plus grand cimetière du monde.

Ce cimetière s'allongeait sur les terrasses désertiques de Dachchour à Abou Roach sur une étendue d'environ quarante kilomètres de tombes : il garde dans ses flancs les restes de quelques centaines de millions d'Égyptiens de condition inférieure qui dorment tranquilles, les grands ayant été seuls dépossédés par la cupidité des indigènes ou par la curiosité des archéologues.

Nous voilà dans le désert! Impression puissante et, faut-il l'avouer? sympathique Après la forêt, c'est le désert que j'aurais aimé : il me donne, comme elle, le sentiment d'une liberté illimitée dans une solitude sans bornes, d'un tête-à-tête non troublé avec la nature vierge, d'un retour à l'éternelle vérité.

Quelques heures passées dans son sein, comme elles suffisent à me laisser deviner ce que serait la saveur de l'existence sur cet océan de sable, dont les flots sont plus familiers pour mes pieds de terrien que les vagues de la mer. Quelle fête d'y galoper sur la croupe d'un de ces bons petits chevaux arabes, aux jambes fines, à la queue longue balayant le sable, qui s'allongent au point que vos pieds frôlent presque le sol et vous font dévorer l'espace avec une volupté dont nos machines ne sauraient donner la sensation!

Je ne dédaigne pas nos ânes toutefois, ils vont toujours de leur pas doux et soutenu et nous laissent le temps de goûter lentement le charme intense des lieux étranges que nous traversons. En route, nous passons devant un campement d'Européens qui voyagent à petites journées à travers le désert jusqu'au Fayoum; leurs tentes sont dressées, leurs montures sont au repos; ils goûtent la vie au grand air dans la grande liberté.

Devant nous, à l'horizon, onze pyramides percent le ciel; chacune a son nom et sa forme caractéristique. Nous passons au pied de celle qu'on appelle la pyramide à degrés, qui s'écroule lentement dans la solitude : c'est peut-être le plus ancien monument du monde, puisqu'elle sert de tombeau au roi Zoser, de la troisième dynastie. Et cela donne un léger frisson de toucher de la main des briques qui gardent les empreintes digitales d'hommes morts deux mille ans avant Moïse!

Stupéfaits, éperdus et comme accablés par la gigantesque antiquité dont les monuments surgissent autour de nous, nous nous laissons aller à nos sensations sans échanger une parole. J'ai encore dans l'oreille le bruit du battement de mes tempes, qui semblait marquer le temps au milieu de cette immobilité de sable, de soleil, de solitude et de silence. Nous avançons comme en rêve, au gré de nos montures, vers une construction d'aspect européen qui s'élève au milieu du désert : c'est la maison de Mariette.

Salut à la mémoire de ce Christophe Colomb des nécropoles égyptiennes, qui, après Champollion, a le plus fait pour la résurrection de la vieille Égypte! La maison d'Auguste Mariette est, elle aussi, un monument égyptien, et si elle n'a pas la solidité des pyramides, elle mérite de durer aussi longtemps qu'elles. Pour tout homme cultivé, elle rappelle la prodigieuse activité d'une existence noblement consacrée à restituer au genre humain la page la plus ancienne de ses annales. Pour la France, dépossédée de son action sur un pays qu'elle a conquis deux fois, par les armes et par la science, elle est un souvenir patriotique qui ne doit pas être exempt de mélancolie. Le commun des touristes, lui, l'apprécie à un autre point de vue : elle leur sert de restaurant. C'est dans sa galerie septentrionale, toute large ouverte, qu'ils viennent, sur l'heure de midi, consommer les provisions emportées du Caire à la sueur du front. Nous faisons comme tout le monde.

Après notre repas, nous allâmes visiter, à quelques pas de la maison de Mariette, la plus étonnante de ses découvertes : le Sérapéum ou tombeau des Apis. Le Sérapéum est un Saint-Denis pour bœufs, c'est assez dire qu'il y a peu de plus curieux monuments de l'aberration humaine. Bâtie sous Ramsès II, cette immense nécropole souterraine abritait soixante-quatre cadavres de bœufs momifiés, reposant chacun dans sa chapelle au fond d'un gigantesque sarcophage de granit monolithe : vingt quatre de ces chapelles subsistent encore aujourd'hui. On descend par un plan incliné dans le souterrain, où règne une chaleur suffocante, et, à travers des ténèbres que perce à peine la lumière de votre bougie, on défile dans un couloir sur lequel s'ouvrent, de droite et de gauche, les cellules mortuaires des ruminants divins.

Qu'on se figure les efforts qu'il a fallu pour descendre ici et pour installer, chacun à sa place, des sarcophages du poids moyen de 65,000 kilogrammes ! L'un d'eux est resté planté au milieu du couloir, qu'il obstrue : pourquoi n'a-t-il pas gagné sa cellule? Y a-t-il eu un accident? est-ce que le culte des Apis a subitement cessé à la suite d'un édit impérial qui le prohibait? On l'ignore, mais il faut noter que, comme toutes les tombes princières de l'Égypte, celles des Apis ont été violées dès avant la soumission du pays aux étrangers ; la main cynique des pillards n'a pas plus respecté les momies des bœufs que celles des Toutmosis et des Ramsès. Une seule cellule fut trouvée murée et par suite intacte, et ce fut un moment d'indescriptible émotion pour Mariette lorsqu'il y entra le 15 mars 1852 : « Trois mille sept cents ans n'avaient pas changé sa physionomie primitive. Les doigts de l'Égyptien qui avait fermé la dernière pierre du mur bâti en travers de la porte étaient encore marqués sur le ciment. Des pieds nus avaient laissé leur empreinte sur la couche de sable déposée dans un coin de la chambre mortuaire (1) ».

Du Sérapéum, nous allâmes visiter les tombeaux de quelques-uns des grands seigneurs qui se sont creusé, à Sakkarah, des demeures souterraines aussi grandes et plus

---

(1) Mariette, *Choix de monuments*, Paris 1856, p. 9. Rhoné. *L'Égypte à petites journées*, p. 239, ajoute que Mariette versa des larmes.

durables que celles qu'ils occupaient de leur vivant. Le temps nous a manqué pour les visiter toutes, mais nous sommes entrés dans celles de Ti et de Phtahotep, qui sont de la Ve dynastie et qui ont une antiquité moyenne de cinq mille ans.

Phtahotep m'intéressait particulièrement. S'il est réellement l'auteur des *Instructions à son fils*, que nous a gardées un papyrus de la XIIe dynastie, il nous a légué le plus ancien livre du monde. La littérature moderne possède beaucoup d'écrits didactiques de cette catégorie, depuis le *Chastoiement d'un père à son fils* jusqu'aux *Lettres de lord Chesterfield*, et chaque fois nous pouvons y constater l'étiage moral de la société où ils naissent. Le niveau de Phtahotep n'est pas fort élevé : sa morale, foncièrement utilitaire, se résume en un certain nombre de conseils bons à suivre pour qui veut faire son chemin dans le monde. Certaines vertus étant utiles à cela, il les conseille.

« On parle beaucoup aujourd'hui de morale indépendante, dit à ce sujet François

Lenormant. Nous engageons les adeptes de ce beau système à méditer le vieux livre égyptien, ce sont juste les préceptes qu'il leur faut. Ils n'y trouveront aucune trace de cette doctrine chrétienne du renoncement et du sacrifice qui leur paraît si déplorable, mais seulement des règles pour respecter l'ordre établi de police sociale et pour faire rapidement son chemin dans le monde sans gêner aucune de ses passions (1) ».

Oui, la morale de Phtahotep est bien celle d'un peuple sans idéal ; elle est plate et terre à terre. A la vérité, elle glorifie l'obéissance filiale et la douceur envers les inférieurs, mais elle ne recommande ni la charité, ni la chasteté, ni le pardon des injures ; elle ne sait pas ce que c'est que la piété. Après avoir lu Phtahotep, il y a plaisir à se rappeler les instructions de saint Louis à sa fille Isabelle :

« Chère fille, je vous recommande d'aimer Notre Seigneur de tout votre cœur et de

(1) Histoire ancienne de l'Orient, t. 1, p. 89.

tout votre pouvoir.... La créature est bien dévoyée qui met ailleurs son amour

» Chère fille, si vous avez une affliction, souffrez-la de bonne volonté et sachez-en gré à Notre Seigneur, car vous devez croire qu'il le fait pour votre bien.

» Chère fille, ayez le cœur débonnaire envers les gens que vous verrez affligés et secourez-les volontiers.

» Chère fille, si vous n'étiez jamais récompensée du bien ni punie du mal que vous pourriez avoir fait, encore devez-vous vous garder du mal et vous appliquer au bien, purement pour l'amour de Dieu ».

Voilà comment le saint roi parlait à sa fille. Je me le remémorais en pénétrant chez Phtahotep, et, j'en demande pardon à ce grand seigneur, c'était la douce et sereine physionomie de « Louis de Poissy » qui se substituait, dans ma pensée, à l'opulent possesseur du palais souterrain que j'allais visiter

Mais me voici dans les mastabas. Stupéfiante richesse des reliefs qui ornent les murs de ces nécropoles souterraines! Ils ressuscitent la vie du défunt tout entière, avec un réalisme et une naïveté dont j'ai déjà pu apprécier au Musée du Caire l'exquise saveur. Mais de les voir ici, se profiler en scènes innombrables de mur en mur, de chambre en chambre, avec des couleurs que des milliers d'années ont laissées intactes, voilà l'émerveillement! Le défunt dont la statue, sortant de son alcôve funéraire, semble prête à descendre les trois marches qui mènent à ces chambres, voit repasser devant lui tout le rêve de la vie. On abat et on dépèce les bœufs et on lui en offre les quartiers, on empâte les oies de sa basse-cour et on les lui apporte, les tenant par les ailes; il assiste aux travaux de ses champs, à la rentrée de ses moissons; ses bûcherons abattent des arbres dans la forêt; on lui construit des canots; des pêcheurs lui prennent des poissons dans de vastes filets; lui-même, dans sa barque, chasse l'hippopotame sur le Nil. Tout ce qui l'a intéressé là-haut continue de se passer sous ses yeux. Ici, on trait des vaches; là, on passe l'eau à gué avec des bœufs, on mène en laisse des chiens et des singes; l'ânesse chemine sous une lourde charge de blé, et à côté d'elle trotte son ânon aux oreilles dressées. Les fermiers arrivent pour payer leurs redevances, mais ils ne le font pas de plein gré; on doit les empoigner par les cheveux, les jeter à genoux et les bâtonner d'importance; alors ils consentent à s'exécuter, et des scribes accroupis, un calame derrière l'oreille et l'autre à la main, notent consciencieusement sur leurs tablettes ce qui est dû ou payé par chacun. La variété, la richesse, le naturel de tous ces petits tableaux sont extraordinaires. Et quand on pense qu'ils étaient faits pour rester à jamais plongés dans les ténèbres d'un tombeau, sans que l'œil d'un vivant fût appelé à les contempler, alors l'étonnement redouble, et l'on sent qu'on est en présence d'une véritable énigme.

Ne vous cassez pas la tête pour en trouver le mot; l'énigme est résolue.

Toute ces images avaient une raison d'être religieuse ou pour mieux dire magique. Les anciens concevaient d'une manière très grossière la vie d'outre-tombe. On se figurait que le mort avait besoin de boire et de manger tout comme sur la terre, et on mettait dans son tombeau de quoi le nourrir. Ce point de vue primitif est encore celui de l'Odyssée; les morts n'y reprennent un peu de vie et d'apparence qu'après qu'ils se sont largement abreuvés à la fosse pleine du sang du sacrifice que leur a offert Ulysse. Mais de bonne heure, et un peu chez tous les peuples, il se forma une idée qui dispensa les vivants d'approvisionner les tombes. On se persuada qu'il suffisait de représenter les objets et de prononcer sur eux des formules magiques pour qu'ils devinssent aussitôt la réalité qu'ils exprimaient. Et alors on se mit à remplir la tombe d'images constituant par leur ensemble la représentation encyclopédique de toute une existence. Le mort qu'elles entouraient retrouvait en elles tout ce qu'il lui fallait pour continuer la vie d'autrefois : aliments, boissons, occupations, distractions et plaisirs, tout ce dont il avait joui sur la terre lui était restitué; il mangeait, buvait, allait à la chasse, visitait ses propriétés, jouait aux échecs avec sa femme, restait ce qu'il avait été, revivait ce qu'il avait vécu.

Voilà ce que signifie cette merveilleuse profusion de reliefs funéraires qui peuple les ténèbres des mastabas d'il y a cinq mille ans! L'Égypte n'a pas été seule à se persuader de la vertu magique de l'image : je pourrais, si je voulais faire étalage d'érudition, faire comparaître ici bien des peuples anciens et bien des sauvages modernes qui attesteraient la même pratique, depuis les habitants préhistoriques des cavernes du Périgord jusqu'aux Boshimen d'aujourd'hui. Et qui sait si l'extraordinaire fidélité du rendu que l'on admire dans les reliefs funéraires ne s'explique pas elle-même par une préoccupation d'ordre religieux? Il fallait que l'image fût le plus possible semblable à l'objet pour qu'elle en pût devenir la réalité : le pieux désir de satisfaire à cette exigence conduisait la main de l'artiste et lui faisait, si je puis ainsi parler, du réalisme le plus parfait un véritable idéal.

Et pourtant, hélas! quelle lugubre conception de l'autre monde était à la base de tout cet effort architectural et artistique! Des morts qui ne vivaient plus que dans des réduits souterrains, et dont l'existence dépendait de la piété filiale des survivants! Des fantômes qui continuaient d'avoir soif et faim et qui, si on ne les nourrissait, étaient obligés de se repaître d'ordures ou venaient, vampires cruels, sucer le sang des vivants qui les oubliaient! Valait-il la peine de se survivre, pour n'exister que dans ces tristes conditions, et le sommeil du néant n'était-il pas préférable à la survie du *mastaba*? Mais il n'était pas possible à l'Égyptien de se débarrasser de la croyance à l'au-delà; avec Dante Alighieri, il eût considéré comme la *plus bestiale de toutes les hérésies* celle qui nie l'immortalité de notre nature spirituelle (1).

Nous sommes revenus de Sakkarah à dos d'âne à travers le désert : cela fait quatre lieues de chevauchée. Heures d'émotions

---

(1) Dico che intra tutte le bestialitati quella è stoltissima, vilissima et dannosissima che crede dopo questa vita altra vita non essere. Dante, *Il Convito*, II, 9.

insoupçonnées et d'impressions indélébiles! Nous avions à droite le ruban vert de la vallée, à gauche l'étendue fauve du désert sans bornes; devant nous les trois gigantesques triangles de Mena, vers lesquels nous nous dirigions. Nous revîmes, au bout de cette féconde journée, les pyramides, le sphinx, le temple toujours entourés d'un bourdonnement de touristes. En les quittant pour la seconde fois, nous comptions bien les revoir longuement, et il se trouva, par la force des choses, que c'était notre dernière visite. Chéops et Harmakhis étaient vengés L'originalité de mauvais aloi que j'avais rêvé de conquérir en m'abstenant de leur porter mes hommages devenait mon châtiment. Je suis l'homme qui a été en Égypte et qui n'a pas vu les pyramides.

XI.

VOYAGE SUR LE NIL.

Nous nous sommes embarqués le 28 février après-midi sur l'*Amenartas*, bateau de la firme Cook and Son, qui nous fera faire le voyage du Nil jusqu'à Assouan, c'est-à-dire jusqu'à la première cataracte. Nous en avons pour dix jours avant d'arriver.

Parlons de Messieurs Cook and Son. Il y a entre eux et l'honorable corporation des médecins cette ressemblance, qu'on aime à les débiner tant qu'on peut se pass r de leurs services, mais qu'on s'empresse de recourir à eux dès qu'on en a besoin. Si, comme Pierre Loti, je voyageais en grand seigneur dans une *dahabieh* à mon usage personnel, il est probable que, comme lui, je n'aurais que des lardons pour la « ménagerie Cook ». En attendant, je fais moi-même partie de cette ménagerie et je déclare que si Cook n'existait pas, il faudrait l'inventer.

Il est la providence des touristes qui ne sont pas millionnaires. Il les nourrit, il les héberge il les convoie, il les promène, il les protège contre les exploiteurs, il leur procure à bon marché un voyage où règnent le confort et la sécurité. Cela vaut bien quelque chose, en Orient et partout.

La première journée du voyage a été charmante. Nous remontons le Nil, large comme un bras de mer et nous laissons à droite les sites de Bedrachin et de Sakkarah visités avant-hier. Le ciel est radieux : sur les deux rives on voit se succéder des villages pittoresques avec des villas blanches dominées de tous côtés par des palmiers. Les enfants jouent sur les seuils, les femmes causent assises en groupes, les hommes flânent et fument. Le soleil, se couchant à notre droite, nous offre un spectacle magnifique. Il descend lentement derrière un bosquet de palmiers dans un azur qu'il embrase de ses feux. Sur l'incandescence du ciel, qui fait un fond d'or au paysage, comme dans les tableaux des maîtres anciens, se détache avec une merveilleuse netteté la silhouette des arbres.

Chaque feuille est comme ourlée de lumière, et ses plus fines découpures s'enlèvent toutes noires sur cette splendeur de féerie. On dirait qu'une coulée de pourpre s'est versée dans l'or du couchant pour lui communiquer je ne sais quelle teinte magique. Comme le vaisseau va à toute allure, nous voyons incessamment d'autres palmiers passer et repasser devant le disque radieux, si bien qu'à la longue le spectacle s'intervertit, et c'est le soleil lui-même qui semble courir après nous à travers d'éternels bosquets.

Cependant la gloire du couchant s'évanouit peu à peu; le crépuscule, plus court que dans nos pays du nord, y met fin trop tôt au gré de notre admiration. Puis une autre scène commence, d'un caractère mystérieux et plus émouvant encore. Cette fois, c'est la magie du ciel étoilé que nous contemplons, assis à l'avant du bateau, car le vent du nord qui souffle presque toujours sur le Nil ne permet pas de rester à la poupe après le coucher du soleil. Quel spectacle! Les étoiles, beaucoup plus grosses et plus lumineuses que chez nous, semblent s'être rapprochées de la terre, et ce voisinage formidable produit une première impression de saisissement, j'ai failli dire d'inquiétude. Les palpitations de leurs rayons sont comme des clignements d'yeux, pour ne pas dire des gestes qu'elles nous feraient. On est dans une espèce d'attente anxieuse : si quelqu'un allait prendre la parole là-haut, au nom de l'infini?.... Tout le ciel est comme animé d'une intense ardeur de communiquer avec la terre. Je suis presque intimidé de retrouver ici, dans un éclat que je ne leur connaissais pas, les constellations familières de mon ciel septentrional. Voilà, presque au sommet du ciel, la Grande Ourse, voilà l'étoile polaire, voilà Céphée, Cassiopée, le Taureau avec Aldebaran, Arcturus. Orion, la plus belle de toutes les figures célestes, dessine sur l'azur sombre quelque chose comme des hiéroglyphes lumineux et semble nous convier à les déchiffrer.

Mais qu'est-ce que cette apparence d'aurore à l'horizon oriental? Une lueur mystérieuse se répand dans le ciel puis s'allonge et tremble sur le Nil : que va-t-il se passer?

Un point lumineux perce l'horizon : c'est la pleine lune qui surgit dans sa majesté calme et silencieuse Elle n'a pas ces rouges reflets d'incendie qu'elle affecte dans le nord lorsqu'elle se lève; elle est pâle, mais à mesure qu'elle monte dans le ciel, l'argent de son disque se change en or, et tantôt sa brillante clarté éclipsera les étoiles jalouses Salut, vieille amie qui vas éclairer là-bas, dans le pays d'Ardenne, la vallée que j'aime et le coteau solitaire où je suis attendu dans la maison d'éternité. Parle au coteau et à la vallée de l'ami absent. Dis aux hêtres et aux chênes de la forêt que sous les palmiers du Nil mon cœur est resté plein de leurs chères images!

Je ne m'arrache qu'à regret au spectacle de la nuit étoilée et le lendemain je suis debout dès l'aube pour assister au petit lever du dieu qui « verse des torrents de lumière sur ses obscurs blasphémateurs ».

Le ciel et la terre sont comme endormis encore. Le fleuve est tout blanc de voiles inclinées, on dirait de gigantesques mouettes se reposant sur l'eau, comme elles aiment à faire; toutes les couleurs sont ternes et confondues l'une dans l'autre, l'horizon est cerclé d'une teinte violet sombre qui pâlit vers le couchant et qui se transforme graduellement en or du côté du levant. On voit peu à peu s'illuminer cette partie du ciel; soudain, au centre du fond d'or, une étincelle jaillit, et, avant qu'on ait eu le temps de s'en apercevoir, le contour d'un disque apparaît, puis, en quelques secondes, le soleil s'élance dans le vaste azur comme un géant qui va franchir à grands pas les immensités : *exultavit ut gigas ad currendum viam* (1).

Ces spectacles du matin et du soir sont toujours les mêmes, puisque le merveilleux climat de ce pays ne connaît qu'un seul aspect du ciel : la sérénité absolue, et qu'un seul état de la température : le beau fixe. Mais ils n'en sont pas moins variés et nous ne nous lassons pas de les contempler. Nous admirons les teintes féeriques que prennent les sables du désert dès que le jour se met à pâlir. Les rayons mourants du soleil, en

(1) Psalm. XVIII, 6.

venant glisser horizontalement sur leurs surfaces mordorées, y laissent un mélange inouï de nuances variées qui semblent venir se confondre, comme le matin, dans les tons multiples d'un violet ultra-terrestre. Mais du côté du couchant, l'incandescence du ciel défie l'imagination. Une dame assise sur le pont travaille à une aquarelle; elle a transporté sur son carton l'invraisemblable vérité de la scène; je constate la fidélité de la peinture et je me rappelle que bien des fois, quand je voyais dans nos musées des tableaux représentant des paysages d'Orient, ces teintes éblouissantes me semblaient une exagération de l'artiste.

C'est que le ciel de l'Égypte ne peut être deviné par qui ne l'a pas vu. Bien que la même féerie reparaisse tous les jours au couchant, elle est tous les jours nouvelle pour nous. Et cependant elle ne se compose que de trois éléments : l'azur du ciel, l'or liquide du soleil qui s'y verse et les contours uniformes du paysage qui se découpent sur l'horizon. L'extraordinaire variété que le jeu des nuages met dans les couchers de notre ciel d'Europe fait totalement défaut. Mais qui s'aviserait de regretter les nuages? J'allais oublier de mentionner le quatrième acteur du drame auquel nous assistons chaque soir, et c'est le Nil. Grâce à lui, la scène se dédoublait; le ciel et la terre se renversaient dans ses flots et en sortaient avec un éclat humide; on eût dit qu'ils servaient de miroir l'un à l'autre,

Et dans le ciel rougeâtre et sur les flots vermeils
Comme deux rois amis, on voyait deux soleils
Venir au devant l'un de l'autre.

Le Nil lui-même est un étonnant spectacle. Il a la largeur d'un bras de mer : auprès de lui, le Rhin ne serait qu'un ruisseau. Il roule une avalanche de flots plus troubles que ceux du Tibre, et qui vont, d'année en année, grossir par leurs dépôts de limon l'épais bourrelet de terre que le Delta projette dans la Méditerranée. Certes, il n'a pas la poétique beauté des fleuves bleus et verts de notre Europe, ni leurs rives pittoresques découpées comme par la main d'un artiste, ni leurs méandres harmonieux à travers la fraîcheur des verdures, ni leurs grands souvenirs hantant des ruines de châteaux-forts ou de chapelles. Mais ses riverains ne lui demandent rien de tout cela. Il est leur père, et ils sont ses enfants, voilà tout. Rappelez-vous ce groupe qui le représente au musée du Capitole : il est couché, calme et paisible comme un bon géant qu'il est, s'accoudant sur son urne, et une multitude de petits bonshommes circulent sur lui et se réjouissent de sa paternelle indulgence.

Ce groupe me semble personnifier à merveille les rapports entre ce fleuve et les hommes qui habitent ses rives. Ils ne pensent pas à lui demander autre chose que sa fécondité et seraient étonnés d'entendre raisonner sur ce qu'il peut offrir de beauté. Pensez donc qu'ils ne connaissent d'autre fleuve sur toute l'étendue de l'Égypte, et qu'ils ne boivent pas d'autre eau que la sienne! Et elle leur paraît tellement bonne qu'ils ne prennent pas la peine de la filtrer : ils l'avalent telle qu'il la charrie sale et trouble, et on prétend qu'ils y trouvent une saveur que le philtre lui enlèverait. Il faut les voir, sur ses bords, descendre à mi-jambe dans le fleuve pour y faire leurs ablutions, crachant dans l'eau et au même instant la puisant avec leurs mains pour la porter à leurs lèvres avec une ignorance absolue des précautions que dicteraient à un homme du nord les scrupules de la plus élémentaire propreté.

Le soir, au coucher du soleil, les femmes descendent vers la berge; elles portent sur la tête leur jarre renversée, faite à Assiout; elles entrent dans l'eau, lavent la face extérieure du vase puis le remplissent et le replacent tout droit sur leur tête: après quoi, elles s'en vont à pas comptés, gracieusement drapées dans les amples plis de leurs robes noires, ayant la coquetterie de ne jamais porter la main à la jarre pour l'empêcher de tomber. Ce spectacle est plein d'un charme antique et nouveau; il me souvient de l'avoir contemplé l'an dernier à la fontaine de Genzano, dans les monts albains; c'est le même qu'Eliézer avait sous les yeux, le soir où avec ses chameaux il s'assit fatigué auprès du puits de Nachor, « à l'heure où les femmes avaient coutume de sortir pour puiser de l'eau » (1).

Un autre spectacle qui nous est donné des multitudes de fois chaque jour, c'est celui des fellahs occupés à l'arrosage de leurs terres. Dans ces régions que ne visite pas la pluie, la crue annuelle du Nil dépose à la vérité le limon fécondant, mais celui-ci serait bientôt desséché par le soleil si l'on n'avait soin d'entretenir sa fraîcheur en l'arrosant. Cela n'est pas très facile, parce que les couches de terre fertile sont toujours à plusieurs mètres au-dessus du niveau du fleuve, et qu'il faut faire monter artificiellement les eaux de celui-ci dans les canaux d'irrigation. On recourt pour cela à la sakieh ou au chadouf.

La sakieh, que j'ai souvent vue fonctionner en Espagne, se compose de deux roues : l'une, horizontale est mise en mouvement par un buffle aux yeux bandés, l'autre, verticale, est munie de grands godets, et s'endente dans la première. L'eau que

(1) Genèse XXIV, 11.

puisent les godets tombe dans un réservoir. Le chadouf est plus simple. A quelques mètres au-dessus du niveau de l'eau, deux solides montants sont reliés par une traverse mobile à laquelle est attachée par le milieu une longue perche, dont une extrémité porte un vase et dont l'autre fait contrepoids. Incessamment le fellah fait descendre le vase dans l'eau et en verse le contenu dans un canal à côté de lui. Dans ce canal plonge, un peu plus loin, un autre chadouf qui y puise l'eau pour la verser dans un second canal creusé quelques mètres plus haut; souvent même, selon les lieux, il faut un troisième chadouf pour faire arriver les flots au niveau des champs cultivés. Nous avons rencontré des milliers de ces engins fonctionnant toute la journée sur les deux rives du Nil; quelques jours après, nous devions en trouver l'image dans les reliefs du temple de Séti I, à Thèbes; rien n'est changé en Égypte depuis soixante siècles, ni l'exploitation du sol, ni, hélas! la condition des travailleurs.

Ces pauvres gens bruns et maigres que l'on voit, vêtus d'un simple pagne, se courber toute la journée sous l'ardeur du soleil, sur la besogne machinale du chadouf, ce sont les descendants de ces paysans égyptiens des monuments antiques qui ne payaient leurs impôts qu'après avoir été copieusement bâtonnés par les agents du fisc! Dix fois l'Égypte a changé de maîtres, mais le sort de l'ouvrier qui fait le pain n'a pas changé : sa sueur féconde la glèbe et c'est un maître étranger qui se nourrit du fruit de sa sueur. *Usquequ ?*

Au bout de quelques jours de navigation, passés tout entiers sur le pont à regarder le fleuve et le pays. nous commençâmes à nous sentir accablés par la pesante uniformité du paysage. Rien n'est plus monotone. et, disons le mot, rien n'est moins beau que la vallée du Nil. Elle n'a nulle part plus de trois ou quatre lieues de largeur; parfois elle n'en a qu'une demie; il est même des endroits, comme à Djébel Silsileh, où elle est étranglée entre les massifs rocheux qui s'élèvent sur les deux rives. De droite et de gauche, l'horizon est fermé par les hautes terrasses du désert : désert arabique à gauche. désert libyque à droite. Au lieu de terrasses, j'aurais mieux fait de dire murailles, car on dirait parfois se trouver dans quelque gigantesque chenal bordé des deux côtés par de hautes maçonneries. Le jaune fauve et ardent de ces roches, sur le brûlant écran desquelles la lumière du soir vient se décomposer en mille nuances féériques, est la seule beauté de ces rives sans lignes, sans verdure et sans vie.

Il est vrai qu'il y a les villes et les villages. Ceux-ci sont innombrables. Ils sont bâtis en briques crues sur des terrasses inaccessibles à l'inondation annuelle, et leurs maisons se serrent les unes contre les autres comme d'énormes blocs de maçonnerie barbare, ombragées de palmiers qui penchent sur elles leurs couronnes gracieuses. C'est le mariage du palmier et de la maison qui fait toute la beauté des villages arabes : infiniment varié, il produit des effets d'un pittoresque plein de charme. J'ai rencontré des centaines de villages, et chacun me réservait des aspects nouveaux non cherchés et dus au hasard de la construction et à la configuration du sol. Parfois, le village se présentait étroitement groupé et enfermé dans ses murailles comme dans un jardin. D'autres fois, il s'étendait au loin, formant comme un certain nombre d'oasis dispersées; il y en avait qui étaient sans arbres, et ceux-là laissaient l'impression d'une misère navrante et d'un indescriptible ennui. Mais en règle générale, c'est par ses palmiers que le village se faisait connaître de loin. Que de fois, dans ce pays déboisé depuis les Pharaons, je croyais voir apparaître un bosquet, et toujours c'était un village, et toujours, en approchant, on en pouvait compter les arbres. « Les enfants d'Israël, dit l'Exode, vinrent à Elim, où il y a douze fontaines et soixante-dix palmiers » (1). Il n'y a pas un seul village dans la vallée du Nil où l'on ne puisse facilement faire le calcul de l'écrivain sacré.

En dehors des villages, la campagne est absolument nue : il est rare que l'on y voie surgir un arbre isolé. A la vérité, ceux qu'on

(1) Exode, XV, 27.

rencontre d'espace en espace sont d'une beauté pathétique, dont rien ne saurait rendre l'effet. Je ne cherche pas à l'analyser : je le constate. Un arbre dans la solitude, c'est un des plus nobles spectacles que le Créateur donne à l'âme humaine. Tous ceux que j'ai rencontrés dans ma vie sont restés dans ma mémoire et dans mon cœur. Il en est un que j'ai vu, il y une trentaine d'années dans la campagne romaine : c'était du côté d'Ostie, à l'entrée de la nuit, dans une solitude immense. Il se penchait sur une flaque d'eau qui brillait comme un diamant dans l'écrin vert de la *campagna*, et dans ce miroir il se rencontrait face à face avec la lune qui lui souriait de son grand sourire mélancolique. Je fus saisi de respect et je reculai pour ne pas troubler leur dialogue. Je ne saurais davantage oublier le sycomore que j'ai vu la troisième journée de mon voyage sur la rive droite du Nil, à l'endroit où les parois du désert faisaient effort pour se rapprocher de la berge. Seul au milieu des champs, il étendait autour de lui une ombre gigantesque : son épais feuillage était tout frémissant d'oiseaux qui se réjouissaient de son hospitalité; il semblait l'âme de la solitude, l'être bienfaisant et doux qui offrait tous les bienfaits de la civilisation aux pauvres enfants du désert. Comprendre ce qu'il disait à Dieu et le redire soi-même aux hommes, quel rêve de poète! Mais il est à naître encore, celui qui fera entrer dans son âme toute la magie de la création et qui l'exprimera en parole à ses semblables!

Mes journées s'écoulent à contempler les villages qui passent successivement devant nous Je cherche à comprendre la vie de ces milieux rustiques. à deviner leur part de poésie et de beauté Existe-t-elle. et la vie vaut-elle la peine d'être vécue dans ces mornes enclos où se tassent les unes contre les autres des maisons qui sont comme des chenils, avec, tout au plus. sur les flancs de leurs cours quadrangulaires, quelques réduits pour dormir? La vie s'écoule sur la porte et dans la rue, comme celle des animaux : la douceur du foyer est chose inconnue. ainsi que le charme attaché aux mille souvenirs qui peuplent la maison des aïeux. La poésie des forêts, le vaste silence des bois, l'incomparable richesse de leurs frondaisons, la fraîcheur des ombreux vallons traversés par de clairs ruisseaux, tout cela leur manque, de même que la magie des saisons et le charme du renouveau succédant aux longs hivers. Leur journée n'est pas scandée par la douce voix de la cloche sonnant l'*Ave Maria*, et la physionomie de leurs villages n'est pas fixée par l'aspect du clocher qui s'élève vers le ciel. Ils n'ont pas de sanctuaire ouvert tout le jour où ils peuvent aller crier leurs peines à l'Emmanuel.

Qu'est-ce donc qui fait le charme de la vie pour le fellah? C'est son ciel. Il est incomparable Cet azur immaculé, plus foncé que dans le nord, se voûte éternellement beau et souriant au-dessus de ces milliers d'êtres humains qui n'ont que lui et à qui il suffit. Azur, lumière, soleil, il n'y a pas un de ces trois mots qui n'exprime un infini de beauté et de poésie enveloppant la vie de l'indigène. L'homme du nord ne saurait comprendre la douceur qu'il y a à vivre dans un milieu où l'on ignore absolument la lutte cruelle contre les intempéries, qui absorbe la plus grande partie de notre temps et de nos efforts. Chez nous, il faut veiller à ne pas se laisser mourir. Ici, il suffit de se laisser vivre. Voilà l'énorme avance du fellah et j'imagine qu'il en a conscience. Je ne puis me le figurer émigrant, comme font nos paysans, pour aller chercher sous d'autres cieux une patrie meilleure. Échanger le bleu limpide de son ciel, l'or glorieux de son soleil, la caressante chaleur de son climat contre les calottes de nuages à travers lesquels un disque blafard regarde comme une figure de prisonnier sur des peuples grelottants de de froid, quel mauvais rêve! Non, l'Égyptien ne saurait vivre hors de l'Égypte. Il y a peu de paroles humaines plus anciennes que l'expression de sa nostalgie. Écoutez-la sur les lèvres d'un Égyptien d'il y a quatre mille ans. Sinouhît avait dû fuir la patrie. Dans l'exil, il avait retrouvé chez un prince étranger tout ce qu'il avait perdu au pays natal : riche, puissant, entouré d'une famille florissante, il pouvait se considérer comme un heureux de la terre et il en convenait volontiers. « J'ai été un transfuge mourant de faim, et maintenant je suis un prince distribuant du pain autour de moi. La patrie qui m'a exilé me rend bon témoignage aujourd'hui. Ma maison est belle, mon domaine vaste, ma mémoire est établie dans le temple de tous les dieux. Et néanmoins je me réfugie toujours en ta bonté, ô Pharaon : remets-moi en Égypte, accorde-moi la grâce de revoir le lieu où mon cœur est resté. Y a-t-il un obstacle à ce que mes restes reposent au pays où je suis né ? Y revenir, c'est le bonheur ».

C'est, il est vrai, un grand de la terre qui parle ainsi, mais comment supposer que le fellah tiendrait un autre langage? A lui, bien plus qu'au riche, son ciel et son soleil tiennent lieu de tous les autres éléments de bonheur. Il en jouit avec une espèce d'inconscience animale, je le veux bien, mais avec un bonheur réel qui lui fait supporter les tristesses de sa condition. Il ne semble pas malheureux et la pire de ses infortunes consiste peut-être à ne pas connaître l'étendue de sa misère.

Cependant l'*Amenartas* continue de remonter le fleuve. Sur nos têtes passent et repassent, nombreux, ces éperviers dorés qui depuis le Caire ne cessent de voler autour de nous, et qui ne disparaîtront que lorsque nous aurons atteint les confins de la Nubie. Près d'une ville, nous voyons une barquette à la vergue de laquelle se balancent une quantité de drapelets multicolores : c'est le fils du « saint » de l'endroit, qui sollicite la charité des navigateurs, en souvenir des mérites de son père, dont la sainteté a consisté à vivre tout nu sur le rivage. De temps en temps nous rencontrons des barques attachées deux à deux, qui vont d'une rive à l'autre, portant une charge invraisemblablement énorme de cannes à sucre. Car l'industrie sucrière est très florissante en Égypte. Souvent, on aperçoit au loin, dans la campagne, des obélisques qui fument : ce sont les cheminées des sucreries, exploitées surtout par des sociétés françaises. Elles n'embellissent pas la vallée ; elles laissent l'impression désagréable d'une laide réalité venant traverser un beau rêve.

Sur le pont d'un bateau, quand on y prolonge son séjour, les moindres choses sont des événements, les passagers les plus cosmopolites y redeviennent comme les habitants des petites villes, qui passent leur temps, faute de mieux, à commenter les faits et gestes des voisins. Je ne m'en suis pas fait faute, et je retrouve dans mes notes de voyage des observations qui le prouvent.

Tous les jours, comme je me lève de bon matin, je suis gratifié d'un spectacle comique : celui de John Bull et de Jonathan se rendant au bain. On dirait qu'ils accomplissent un devoir rituel, tant ils y mettent de régularité et de sérieux Chacun à son heure, ils défilent sur le pont, pieds nus, se rendant, des paquets de linge sous le bras, les hommes au *gentlemen bathroom*, les femmes au *ladies bathroom*. Ces dames laissent leur cheveux flotter sur le dos et semblent assez ennuyées d'être rencontrées en un costume peu flatteur; il me faut, pour ne pas les mécontenter, m'établir à la poupe et attendre la fin du défilé. Quand toutes les ablutions sont faites, et qu'on peut croire que la procession des belles lavandières est écoulée, alors je recommence ma promenade sur le pont, et j'assiste, comme tous les passagers, à un épilogue tous les jours le même. Le dernier baigneur qui quitte sa cabine pour le *bathroom* est un vieux Monsieur de soixante-quinze ans vêtu d'une simple chemise, sur laquelle il a jeté son paletot; les pans de cette chemise flottent d'un air lamentable sur ses cuisses et sur ses jambes de fuseau; n'importe, au retour comme à l'aller, sans se préoccuper du public tout entier réuni sur le pont à cette heure, il s'achemine gravement et à pas lents vers la chambre aux ablutions, comme s'il officiait dans quelque grande cérémonie.

Tout cela, me dira-t-on, est bien britannique, et l'Anglo-Saxon n'a pas le sens du ridicule. Ce qui est certain, c'est que MM. Cook and Son ne l'ont pas non plus. Dans leur zèle à mettre partout la marque de leur firme, ils n'ont rien oublié; quand vous ouvrez votre lit, vous ne manquez pas de trouver sur les draps, à l'endroit précis qui doit se résigner aux contacts les moins nobles, cette formule sacramentelle : *Cook and Son. Nile service, Egypt (limited).*

Autres menus événements. Les pannes deviennent fréquentes. Le Nil commençant à baisser et les bancs de sable se mettant presque à affleurer, il se produit des haltes imprévues qui sont parfois de plusieurs heures.

Nos matelots font les travaux d'arrimage et de démarrage au son de mélopées traînantes et traditionnelles qu'ils chantonnent en chœur, comme font les manœuvres de chez nous lorsqu'ils enfoncent un pilotis.

Le soir, nous assistons du haut du pont supérieur aux prières des matelots arabes; de temps à autre, quand ils sont de bonne humeur, un ou deux d'entre eux exécutent la « *danse du ventre* », pendant que les autres les accompagnent en claquant des mains et en sifflant des airs.

Aux mouillages, nous voyons la population se presser aux abords des pontons Cook and Son; on embarque ou on débarque les marchandises avec une espèce de furie; cinquante hommes à la fois se précipitent avec leurs charges, et en quelques minutes tout le travail est fait. Pendant ce temps, une multitude d'oisifs accourus pour « gaaingnier », vous tend de loin d'invraisemblables marchandises; des nuées d'enfants des deux sexes tourbillonnent sur la rive, criant *bakchich* avec toutes les intonations imaginables et avec tous les gestes variés inventés par le plus ingénieux esprit de mendicité. Nous avons eu, un soir, un ventriloque qui imitait tous les cris d'animaux avec une étonnante perfection, notamment, le pauvre! ceux de l'âne et du dindon. La cohue, parfois, devient fatigante, surtout lorsque la marmaille a été excitée par nos jeunes miss qui, du haut du pont, se mettent à leur tour à leur demander des *bakchich*. Alors, pour en finir avec ces assiégeants, le capitaine fait diriger sur eux le jet d'une pompe et en un clin d'œil, riant, sautant, huant, la bande s'éparpille comme un vol de moineaux et va se reformer un peu plus loin, hors de la portée de notre catapulte, pour chanter des refrains moqueurs à notre adresse en battant des mains sur un rythme monotone, comme font dans les peintures sépulcrales leurs ancêtres d'il y a six mille ans.

Souvent aussi, de la rive, les plus hardis montent à l'abordage. Tantôt, ce sont des Européens qui viennent se désennuyer un brin, comme ces trois employés de la sucrerie de Cheikh et Fadhl que voilà, qui prennent l'apéritif sur le pont en rêvant peut-être à la terrasse de quelque café de Paris. Tantôt, ce sont des Arabes pouilleux qui arrivent, portant suspendues à leur cou des volettes horizontales chargées de quantité d'*antikas* authentiques à les entendre et qui, si je ne me trompe, ne trouvent plus beaucoup d'acheteurs. Plus heureux sont les marchands de châles et d'écharpes de soie lamées d'argent, qui sont une spécialité de la haute Égypte; l'article est fort goûté de toutes nos dames, et lorsque le marchand a quelque peu de savoir-faire et d'entregent, il gagne de bonnes journées.

En voici un qui est monté à Assiout le soir et qui a gîté sur notre bateau; c'est un beau garçon au teint brun, à l'œil vif et riant, parlant facilement toutes les langues et qui parvint à dérider les passagères par sa bonne humeur et par sa jovialité. Il n'y a pas à dire; les plus économes, les plus rétives se laissent tour à tour séduire et le débarrassent de sa marchandise. Mais c'est qu'il sait si bien faire l'article, allant jusqu'à leur mettre le châle sur les épaules et se confondant en exclamations admiratives et en rires qui lui permettent de montrer trente-deux dents magnifiques « à rendre jalouse », me disait une dame américaine. Il a surtout un beau peignoir qu'il ne veut absolument pas reporter chez lui et qu'il offre pour trois livres sterling; provoqué par les miss, il ôte sa robe de dessus, met lui-même le peignoir, s'enveloppe la tête d'un de ses châles de soie pour imiter une dame musulmane et se promène en minaudant sur le pont, à la grande hilarité de sa belle clientèle. Résultat : le peignoir est vendu au prix qu'il avait demandé. Ce joyeux gars, après être resté vingt-quatre heures sur le pont, nous quitte nanti de guinées en abondance; en partant, il nous promet de venir à l'exposition de Bruxelles et veut que nous constations, par les tatouages de son bras, qu'il est chrétien : c'est un Copte de la Haute Égypte.

Je termine ici mon journal de bord. Il ne contient rien, me dira-t-on, qui valût la peine d'être raconté. J'en tombe d'accord, ami lecteur, et je vous demande pardon si j'ai imité cet ancien, qui « chantait pour lui et pour les Muses », convaincu, peut-être à tort, que les Muses sont moins difficiles que les mortels.

CHAPITRE XII.

ESCALES.

L'*Amenartas* nous a ménagé la visite de Beni-Hassan et d'Assiout ; il nous a fait manquer celle d'Abydos et de Tell-el Amarna, et c'est une grave lacune dans notre voyage. Abotou — car pourquoi céder à la manie d'helléniser tous les noms égyptiens? — était en quelque sorte le La Mecque de l'Égypte. Ici l'on conservait la tombe d'Osiris, près de laquelle des milliers de fidèles se faisaient enterrer ; d'ici, les âmes des morts partaient par la *Fente* pour se rendre dans l'*Amentit*, la mystérieuse région occidentale qui leur était réservée comme séjour. Tout cela indique la place de premier ordre que, dès l'origine, Abotou occupait dans la vie religieuse du pays. Et voici que depuis les fouilles de Flinders Petrie en 1896 elle nous apparaît comme ayant été aussi le centre de la vie civile : on y a retrouvé les tombes des

Pharaons de la première dynastie. Ajoutez à cela le beau temple de Séti I, que plus d'un archéologue considère comme le joyau de l'architecture égyptienne, et vous aurez une idée de ce qu'au point de vue de l'histoire et de l'art, on perd à ne pas visiter cette ville sacrée.

Tell-el-Amarna m'inspire un intérêt plus grand encore : ce n'est plus une curiosité d'archéologue, c'est un passionnant problème de psychologie et d'histoire qui se rattache au nom de cette capitale éphémère. Ici, au XIVe siècle avant notre ère, se produisit un essai de réforme religieuse dont la vraie nature n'est pas encore élucidée, mais dont l'auteur est peut-être la physionomie la plus personnelle de l'histoire d'Égypte. C'est le Pharaon qui porta le nom d'Amenhotep IV. Il réunit dans sa personne les deux caractères d'un Constantin le Grand et d'un Julien l'Apostat. A la suite de quel travail intérieur de sa conscience ce jeune prince décida-t-il de répudier le culte d'Ammon, le puissant dieu de Thèbes, et de le remplacer par celui d'Aton, le disque solaire adoré à Héliopolis? Obéit-il, comme certains le croient, à l'influence de sa mère Tiyi, qui était née à Héliopolis, ou est-ce la noblesse de sa nature qui se révolta finalement contre le culte d'une divinité aussi lascive que le dieu-bélier de sa capitale? Ou bien encore, comme Julien, fut-il conquis, à la suite peut-être d'une initiation mystérieuse, à l'idée d'un dieu unique et suprême siégeant dans ce globe radieux qui dispense la lumière et la vie à toute la création? On l'ignore, et peut-être toutes ces causes ont-elles agi à la fois sur l'esprit du Pharaon réformateur. Il devient l'ennemi implacable du dieu de ses pères; il se dépouille de son nom, dans lequel il retrouve celui de l'idole; il fait gratter sur tous les monuments ce nom devenu l'objet de son exécration; pour lui faire la chasse, ses agents grimpent jusque sur le sommet des obélisques ou descendent jusqu'au fond des tombeaux. Lui-même veut être appelé Ikhnaton, c'est-à-dire *la gloire du disque solaire*. La déesse-vautour, dont les grandes ailes obombraient la tête des Pharaons anciens, disparaît des représentations figurées du souverain de l'Égypte; elle fait place au disque glorieux dont les longs rayons se projettent, terminés par des mains bienfaisantes qui distribuent l'insigne de vie, sur le roi et sur les siens. La religion nouvelle, en même temps qu'elle apporte de nouveaux symboles, inspire aussi un art nouveau, qui cherche à secouer le joug des conventions traditionnelles pour s'aventurer dans des domaines encore inexplorés. L'enthousiasme pour le nouveau dieu fait du roi un poète; il devient, comme David, le psalmiste couronné de son peuple, et il compose des hymnes au soleil dans lesquels il prélude aux accents magnifiques du psaume 104, glorifiant Dieu dans sa création

Voilà déjà bien des éléments d'intérêt réunis autour de la figure d'Ikhnaton : ce qui achève de nous le rendre sympathique, c'est le charme de sa vie de famille. Autant qu'il est possible d'en juger, il est monogame, et son règne entier s'écoule dans la douce intimité du foyer domestique, à côté de sa femme et des sept filles qu'elle lui a données. Les reliefs de Tell-el-Amarna nous montrent des scènes d'intérieur vraiment charmantes. Qu'il est donc intéressant dans sa grâce un peu langoureuse de jeune héros grec, nonchalamment appuyé sur son grand bâton, pendant que la reine lui offre des fleurs! Cette aimable attention aura sa récompense : Dieu me pardonne! le voici qui la tient sur ses genoux, avec un laisser-aller plein de pudique tendresse conjugale, attitude hardie dans laquelle jamais aucun roi, ni avant, ni après lui, n'a osé s'exhiber. Et puis, voyez-le donc ici avec toute sa famille, jetant du haut d'un balcon des anneaux d'or en récompense au grand-prêtre, qui se montre ravi de la bonne aventure. Ils s'en donnent à cœur joie, le roi, la reine, les petites princesses ; l'un des anneaux vole après l'autre dans la direction du grand-prêtre, et, au beau milieu de ce jeu, l'une des petites, se retournant vers sa maman, lui caresse le menton! Il faudrait pouvoir détailler tous ces reliefs; ils nous révèlent, à la place d'un dieu mortel, un Pharaon qui est bon père et bon époux, et qui fait ses délices d'un intérieur bourgeois

Mais je m'écarte de mon sujet : ce que je devais décrire, c'est l'Égypte que j'ai vue, et celle que je n'ai pas vue vient à chaque instant se placer sous ma plume Retournons sans tarder à celle-là.

Les hypogées de Beni-Hassan, que nous avons visités le 1er mars au flanc de la terrasse du désert libyque, nous ont mis sous les yeux une nouvelle page de la vie égyptienne. Nous sommes ici parmi des contemporains de la XIe et de la XIIe dynastie. Les morts qui habitent ces tombes, ce ne sont plus, comme à Sakkârah, de riches fonctionnaires, ce sont des grands seigneurs féodaux exerçant une autorité presque souveraine sur leur nome, à peu près comme les grands vassaux des rois de notre moyen-âge. Leurs tombes ont la même ornementation que celles de Sakkârah, mais avec des scènes inédites attestant la situation nouvelle prise par l'aristocratie au cours des événements qui ont amené la fin de l'ancien Empire. La plus remarquable de ces tombes est celle de Khnemhotep, qui a pris la peine de nous raconter lui-même son histoire.

Ce grand seigneur loge au fond d'une vaste syringe dont la porte d'entrée est flanquée de deux belles colonnes cannelées qu'on dirait empruntées à quelque temple grec, ce qui leur a valu de Champollion le nom de protodoriques. J'y ai particulièrement admiré un relief représentant l'arrivée près de Khnemhotep d'une caravane d'immigrants au type sémite : vous croiriez voir Jacob descendant en Égypte avec sa famille et ses troupeaux. Pour accentuer encore la ressemblance, nos immigrants, tant les hommes que les femmes, sont drapés dans de longues robes rayées à couleurs nombreuses, comme celle que le patriarche donna à son fils Joseph (1). Ils sont armés d'arcs, de javelots et de boumerangs, et ils amènent en offrande au prince des gazelles et des bouquetins. Une partie de leurs armes est portée sur le dos de leurs ânes; sur l'un de ceux-ci, deux enfants sont assis dans une selle creuse; quatre femmes précédées d'un petit garçon font un groupe particulière-

(1) Genèse XXXVII, 3.

ment intéressant et le personnage le moins curieux de la bande n'est pas le joueur de kinnor qui ferme la caravane. Tout ce monde est présenté au seigneur par deux scribes, dont l'un lui remet la liste de ces étrangers : détail bien égyptien et montrant que la bureaucratie ne perd jamais ses droits dans ce pays! Khnemhotep, de taille gigantesque, est debout, le bâton de commandement dans une main et le glaive recourbé dans l'autre, avec toute la sérénité d'un demi-dieu appelé à décider du sort des mortels

A Assiout, on nous a conduits voir des hypogées du même âge que ceux de Beni-Hassan : ils bâillent à tous les étages de la colline de sable qui ferme la vallée. C'est dans l'une de ces excavations, celle que les Arabes appellent l'Étable d'Antar, que le riche Hapzefaï (XIIe dynastie) a fait graver le texte des dix contracts conclus par lui avec diverses corporations de prêtres de sa ville pour s'assurer, après sa mort, la continuation des offrandes funéraires indispensables à sa vie d'outre-tombe : ne dirait-on pas une fondation de messes anniversaires? On ne nous a pas donné le temps de visiter en détail ces curieux tombeaux; il a fallu, par contre, nous laisser conduire au cimetière arabe, qui est comme tous les cimetières arabes, et aux bazars d'Assiout, qui sont comme tous les bazars. Puis nous avons repris au galop de nos ânes le chemin de l'embarcadère, et, après la querelle de rigueur avec les âniers au sujet du *bakchich*, nous nous sommes engouffrés dans les flancs de l'*Amenartas*.

Le lendemain, nous allâmes visiter le temple de Dendérah. Dendérah! Quel nom dans mes souvenirs d'adolescent! Au moment où je commençais à lire, les derniers échos arrivaient à moi des controverses sur le fameux zodiaque trouvé ici, et qui devait fournir aux ennemis de la religion chrétienne, un argument décisif en établissant de manière irréfutable la prodigieuse antiquité de la civilisation égyptienne. Hélas! qui parle encore aujourd'hui du zodiaque de Dendérah? Il est allé où l'ont rejoint depuis le *Bathybius* et le *Pithecanthropus erectus*, et il faut être un vieillard pour se rappeler qu'il passa pour une redoutable machine de guerre au temps de l'Empire. C'est dans des livres de cette époque que j'avais fait sa connaissance, et de me retrouver, au soir de ma vie, devant l'édifice mystérieux d'où sortaient ses oracles, c'était une aventure qui ne laissait pas de me faire battre le cœur.

Dendérah n'a pas voulu que le vieillard gardât d'elle un souvenir moins vivace que l'enfant. L'impression que j'ai reçue de son temple est prodigieuse ; elle l'est d'autant plus qu'elle a été plus inattendue. Me voilà, pour la première fois depuis de longues années de voyages et de lectures, devant quelque chose dont je n'avais pas encore l'idée. Ce temple de Dendérah, bien qu'il date seulement, dans sa construction actuelle, de l'époque des derniers Ptolémées, s'élève sur les assises d'un des plus anciens sanctuaires du monde, et il nous offre le type du temple égyptien tel qu'on le rencontre partout où la main de l'homme ne l'a pas détruit. Il ne nous dit pas seulement l'art égyptien, il nous révèle tout le tour d'esprit, toute la pensée religieuse du peuple qui l'a bâti. Tout y est opposé à notre conception chrétienne d'un sanctuaire, mais tout y est étrange et s'empare puissamment de l'imagination.

Un sentiment de stupeur et d'accablement vous saisit dès l'entrée. Vous n'êtes pas chez un dieu bon; la maîtresse de céans, c'est la vache Hathor, déesse de l'amour, mais d'un amour sensuel et exclusivement préoccupé de la génération. Elle vous apparaît partout dans d'innombrables représentations, avec son mufle cornu et stupide, et rien n'est plus saisissant que le contraste entre cette misérable image de la divinité et l'impression d'émoi religieux dégagé par toute cette architecture.

Le pylone du temple est détruit; l'on y entre comme autrefois les conquérants des villes, par la brèche, et l'on se trouve d'emblée dans le grand vestibule, porté sur vingt-quatre colonnes gigantesques à chapiteaux hathoriques, c'est-à-dire, formés d'une tête d'Hathor. De là, vous pénétrez dans la salle hypostyle, que vous prendriez pour une forêt de pierre, tant les colonnes s'y serrent dans la pénombre l'une contre l'autre. De la salle hypostyle vous entrez dans une nouvelle salle plus sombre encore, et de celle-ci dans le saint des saints, où seuls Pharaon et le grand-prêtre avaient le droit d'entrer. A l'entour de cette enfilade de salles liturgiques se déroulent à droite, à gauche, au fond, sur un déambulatoire carré, quantité de chambres servant à des usages sacrés : des sacristies, des magasins à offrandes, des bibliothèques, et que sais-je encore ? Tout l'ensemble forme un vaste rectangle beaucoup plus long que large et de toutes parts entouré de hautes murailles. Un escalier descend dans les cryptes : un autre monte sur la plate-forme, où il y a de vastes terrasses portant elles-mêmes un temple et plusieurs chapelles d'Osiris, dans l'une desquelles on a trouvé le célèbre zodiaque. Un autre zodiaque est resté en place, et on voit des scènes astronomiques partout : dans une cour latérale, au plafond d'un délicieux kiosque, il y a une représentation de Neout, la déesse du Ciel, repliée sur elle-même et comme enveloppant le monde de ses bras et de ses jambes qu'elle allonge : de son sein jaillit le soleil, dont les rayons viennent frapper le temple de Dendérah. Le plafond représente un ciel bleu semé d'innombrables étoiles d'or.

Tous les murs de l'édifice, tant à l'extérieur qu'à l'intérieur, et même tous les fûts des colonnes sont peuplés d'une profusion de figures et d'inscriptions. Il n'y a aucune place vide : tout vit, tout marche, tout parle, tout agit, tout tient en éveil l'attention de vos yeux. Dehors, vous lisez les exploits des souverains qui ont bâti ou enrichi le temple : vous les voyez dans le geste traditionnel d'écraser de leur massue la tête des ennemis prosternés, qu'ils tiennent empoignés par les cheveux. Au dedans, vous contemplez sur les murs les scènes d'adoration qui se passent dans le sanctuaire. Regardez : de même que dans les mastabas de Sakkarah ou de Beni-Hassan, on ressuscite la vie du défunt dans ses manifestations ordinaires, de même, ici, la décoration des murs renouvelle et perpétue l'adoration du dieu par le roi, avec les cérémonies sacrées qui l'expriment. Voici Pharaon qui sort de son palais, précédé d'un prêtre portant l'encensoir et suivi de son génie protecteur. Horus à tête de faucon et Thot à tête d'ibis l'aspergent de la liqueur de vie, dont les gouttes stylisées retombent sur lui; les déesses protectrices du pays le bénissent. Il entre dans le temple, il gravit les degrés qui mènent au saint des saints. Le voici qui rompt le sceau par lequel il a fermé, après la dernière visite, la porte redoutable. Maintenant il est devant la déesse, dans les ténèbres sacrées où elle a son habitacle. Il ne se prosterne pas devant elle, puisqu'il est son égal, mais il l'honore en priant debout, les bras pendants, et en brûlant de l'encens à sa statue.

Et ce ne sont pas seulement les hommages du roi, ce sont aussi ceux de son peuple et des autres dieux que Hathor reçoit ici, dans le sanctuaire où elle est chez elle et la première des divinités. Des processions de dieux de la haute et de la basse Égypte viennent la trouver. Des processions de prêtres et de fidèles défilent à leur tour.

Regardez bien pendant que vous gravissez l'escalier qui mène aux terrasses; à votre gauche, les prêtres montent avec vous, portant la statue de la déesse sur la plate-forme pour la fête du Nouvel An, afin qu'elle puisse s'unir aux rayons de son père Râ, le soleil A droite, ils redescendent avec vous, la visite terminée.

Quand on s'est pénétré de l'esprit qui a inspiré cette exubérante décoration murale, on reste stupéfait, comme quelqu'un qui a pénétré dans un monde d'idées dont il n'avait pas soupçonné l'existence. C'est ici un milieu magique, et vous êtes environné des manifestations d'une vie dont les pulsations ininterrompues se produisent sur la pierre en des formes qui sont plus que de simples images. Les paroles toutes puissantes du formulaire liturgique ont eu ici le même effet que dans les chambres sépulcrales : elles ont transformé les représentations en réalités, de telle sorte que par elles les fidèles parviennent à offrir à la déesse un culte perpétuel. Là où vous ne voyez que des apparences, il se passe un mystère qui réjouit le croyant : Hathor reçoit continuellement les hommages du roi et du peuple, et les cortèges chantants des prêtres et des fidèles évoluent sans interruption dans les couloirs mystérieux de son temple et sur les plates-formes aériennes. Voilà la valeur de l'image dans la liturgie. D'autres religions ont eu des conceptions analogues; aucune ne les a mises en valeur avec tant de hardiesse et d'esprit de suite.

Et voilà aussi ce qui explique l'impression mélangée que l'on éprouve en pénétrant dans le mystère de cette religion et de cette architecture.

Devant un temple grec, l'impression consiste en un sentiment esthétique pur; vous jouissez de la beauté des lignes, de la noblesse des figures, de l'eurythmie de l'ensemble : l'édifice se fait admirer pour lui-même; à force de vous délecter de ses charmes, vous oubliez le dieu qui en est l'habitant. Chez nous autres chrétiens, l'église s'élance vers le ciel d'un jet vertical, entraînant avec elle, dans une ascension sublime, tout un peuple de saints et de saintes qui aspirent aux altitudes sacrées : il n'y a pas une pierre de l'édifice qui ne se dirige vers Dieu. Quand vous entrez dans le sanctuaire, l'impression est la même : d'emblée, au bout d'une longue enfilade de colonnes qui lui font une avenue triomphale, vos regards se fixent sur le tabernacle eucharistique, c'est-à-dire, encore une fois, sur le ciel.

Ici, rien de pareil. Du dehors, le sanctuaire égyptien est un rectangle plat et opaque qui s'allonge horizontalement comme à perte de vue et qui semble ramper à terre ; l'inclinaison de ses murs dessine un trapèze régulier qui ne laisse d'autre idée que celle de la lourdeur et de la solidité; prolongez-les dans le sens de la hauteur, et vous aurez une variante de la pyramide. L'intérieur ne permet aucune vue d'ensemble et éparpille le monument en une succession de salles existant chacune pour elle-même, dont l'aspect de plus en plus sombre développe une impression grandissante de terreur mystérieuse. Oui, la terreur, tel devait bien être l'état d'esprit du fidèle! Il devait se sentir comme perdu au milieu de ces portiques, de ces enfilades de salles éclairées seulement d'en haut, dans l'horreur sacrée de ces ténèbres qui s'épaississaient au fur et à mesure qu'il avançait, entre tous ces murs ensorcelés sur lesquels gesticulaient les figures peu rassurantes des Pharaons surnaturels et des dieux à tête d'animal. Avec quelle angoisse il devait rôder dans la demeure de la divinité sans amour et sans entrailles, que lui-même n'aimait pas mais qu'il fallait apaiser coûte que coûte, par des prières et par des sacrifices!

Et cette sombre religion a duré cinq mille ans, et pendant cinq mille ans, on a bâti des sanctuaires comme le sanctuaire de Dendérah, et on a adoré ces déesses à tête de veau et ces dieux à bec d'épervier! Ces symboles grossiers et souvent impurs ont survécu à toutes les civilisations : les Perses, les Grecs, les Romains les ont acceptés les uns après les autres; les Ptolémées et les Césars s'en sont accommodés à leur tour; ils ont consenti à figurer ici en Pharaons, à venir, vêtus du pagne, lever la massue sur des prisonniers fictifs, à rendre leurs hommages aux mufles divins, que dis-je, à être de leur famille, et à attester leur parenté par des miracles, comme ceux que Vespasien consentit à faire au dire de Tacite. L'Égypte soumise n'a jamais reconnu que des souverains qui acceptaient ses mythes et son culte : celui ci n'a abdiqué que devant la religion du Christ.

Je suis resté à Dendérah jusqu'à la dernière minute que nous avait accordé l'horaire de Cook and Son. Je ne pouvais m'arracher à la fascinante contemplation de ce gigantesque repaire de l'antique idolâtrie. J'ai pris plaisir, tout novice que je fusse en archéologie égyptienne, à constater la modernité relative de ces reliefs tracés il y a deux mille ans. Ils ont beau copier des modèles antiques; on voit que l'inspiration d'autrefois n'y est plus; ils se trahissent à je ne sais quel manque de spontanéité et de fraîcheur, de même que les édifices gothiques bâtis de nos jours. J'ai fait le tour du monument et j'ai vu, à l'angle sud-est du mur, un nid de guêpes dans une cavité de la pierre. Ces infructueuses ouvrières bourdonnaient autour des figures hiératiques de Cléopâtre et de Césarion, dont le gauche sourire appelait un sentiment de pitié. O guêpes! que vous êtes bien à votre place dans le temple de Dendérah!

CHAPITRE XIII.

LOUXOR

C'est par une belle matinée de dimanche que nous arrivâmes dans la région de l'ancienne Thèbes aux cent portes. La vallée s'élargissait devant nous : à notre droite, c'est-à-dire sur la rive gauche, la plaine était plus verte, les arbres plus nombreux, les sommets des terrasses désertiques se dentelaient et prenaient un aspect pittoresque ; c'était comme le cadavre survivant d'une grande capitale morte. Sur notre gauche, nous apercevions le gigantesque pylône du temple de Karnak, dressant par-dessus les arbres la masse imposante de ses murs percés de grandes baies carrées, à travers lesquelles apparaissait le second plan du paysage. Une demi-heure après, nous débarquions sur le quai de Louxor. Cook nous accordait quatre heures pour faire une première visite à cette ville, où nous devions nous arrêter quelques jours en revenant

La première impression fut aussi désagréable que possible. A côté des ruines du grand temple, qui se profilent le long du fleuve de manière à attirer immédiatement les regards de l'étranger, vous voyez surgir, comme pour les écraser de sa masse, une énorme caserne à touristes qui porte pour enseigne : *Winter Palace*. Qui donc a la responsabilité d'avoir permis à cette affreuse bâtisse d'enlaidir une rive historique, où il semblerait que tout dût être sacré? Il faudra du temps pour que l'on en vienne à punir le malavisé qui défigure à plaisir la beauté d'un paysage. Hélas! ce ne sera pas de mon vivant. Les sociétés pour la protection des sites auront beau faire : elles seront vaincues par l'industrialisme. Nous voguons à toutes voiles vers le règne de la laideur. Ce progrès à rebours, ô mes amis, vous y assisterez en versant des larmes et vous m'envierez d'être mort à temps.

Le *Winter Palace* n'est pas mon seul grief contre le quai de Louxor. J'y allais à la recherche de la grandeur thébaine, et je n'y ai rencontré que les platitudes de notre vie moderne : des cafés, des boutiques de « véritables antikas » fabriqués sur place, des échopes où l'on vous offre, à part quelque indispensable manuel d'archéologie, les produits défraîchis de la pornographie parisienne. Vraiment, cela donne une triste idée des touristes de langue française qui ont besoin de cette nourriture faisandée jusqu'au milieu des sanctuaires de l'histoire et de l'art

Au surplus, je trouve immédiatement ici de quoi me consoler du *Winter Palace*. L'*Hôtel de Louxor*, où l'on nous conduit, est une charmante résidence cachée au fond d'un délicieux jardin plein d'ombre et de fraîcheur, avec des coins d'exquise solitude où il fait bon rêver en regardant la fumée de son cigare monter vers le ciel bleu.

Mais écoutez!... Un son argentin, une voix claire, aérienne, vient à nous par-dessus les toits des maisons.... C'est la cloche de la messe de neuf heures qu'on sonne à Saint-Julien. Le couvent est celui des religieuses italiennes ; l'église est desservie par les franciscains de la même nation. Nous y allons avec joie, heureux de nous retrouver en pays catholique et de participer à la vie religieuse des frères qui adorent le vrai Dieu. La messe dite, tout le reste de notre temps va être pour le sanctuaire des idoles. Je suis un peu honteux de cette proportion.

Nous entrons dans le temple de Louxor.

Nouvelle surprise! Nouvel émerveillement! Dendérah est dépassé : voici un monument plus prodigieux encore, un édifice de 260 mètres de longueur, avec deux cours intérieures dont l'une a 57 mètres et l'autre 45, séparées par une salle hypostyle qui en a environ 50 ; tout cela avant d'arriver au sanctuaire proprement dit, dont les dimensions colossales sont en rapport avec de telles propylées. L'immense construction a subi le même sort que la plupart des édifices de ce pays : elle a été enterrée par les sables et elle n'est pas encore totalement déblayée, car le coin Nord-Est de la première cour se cache toujours sous une vraie colline, et au-dessus de celle-ci surgit une mosquée qu'il faudrait abattre pour nous restituer l'œuvre des Pharaons tout entière. Il y a quelque chose de formidable et de surhumain dans cet ensemble, et on peut se figurer l'impression qu'il produit sur les chétives populations qui vivent à son ombre. Nos ancêtres ne pouvaient pas croire que les monuments romains dont ils voyaient les ruines fussent l'œuvre d'hommes comme eux; ils les attribuaient à des enchanteurs et même au diable. Les fellahs racontent les mêmes légendes sur l'origine des monuments pharaoniques, bâtis, disent-ils, par les djinns, c'est-à-dire par les mauvais génies. Curieuse faiblesse de l'esprit humain, que sa propre grandeur épouvante!

Nous commençons notre visite par le grand pylône de Ramsès II, du côté du nord. Il est formé, selon le type traditionnel, de deux énormes trapézoïdes inclinés, reliés entre eux par une construction plus basse dans laquelle s'ouvre la porte. Devant celle-ci, deux Ramsès assis, de proportions colossales, gardent le seuil. Dans les murs, quatre profondes rainures verticales, deux à droite et deux à gauche, recevaient les mâts au sommets desquels des banderoles flottaient les jours de fête; ces mâts étaient retenus et fixés en haut par de forts crampons de fer sortant de baies comme celles qui nous ont frappés il y a quelques heures, au passage devant le temple de Karnak. Enfin, deux beaux obélisques, plantés de chaque côté, complétaient l'aspect solennel de l'entrée. Il n'en reste plus qu'un aujourd'hui. En 1830, tous les deux, à la demande de Champollion, avaient été donnés par Méhémet-Ali à Louis-Philippe : c'était la première fois depuis dix-huit siècles que ces aiguilles de pierre reprenaient le chemin du nord. Mais le roi bourgeois, épouvanté de devoir caser deux de ces géants, se contenta d'un seul, et c'est celui qui orne aujourd'hui la place de la Concorde à Paris, tandis que l'autre reste fidèle depuis 3,000 ans au sol de la patrie.

Théophile Gautier prétend que l'exilé s'ennuie sous le ciel brumeux du septentrion, où, à la place des superbes Ramsès debout dans des chars d'or étoilés de nacre, il ne voit plus passer que la procession très peu poétique

Des Solons qui vont à la Chambre
Et des Arthurs qui vont au bois.

Et pour le consoler, il a imaginé que

l'obélisque resté à Louxor envie le destin de son jumeau parisianisé. Est-ce vrai? Je ne suis pas dans le secret des obélisques, mais je goûte peu les exercices de rhétorique, rimés ou non, qui ont la prétention de nous le révéler (1).

Je ne dois pas oublier de dire que les deux murs de la façade sont couverts de reliefs représentant les exploits de Ramsès II : le sujet en est la grande victoire de Quadesch, qu'il remporta sur les Khétas de Syrie la cinquième année de son règne. Ramsès, on peut le dire, a usé et abusé de cette victoire; il l'a représentée partout où il a pu, il l'a fait raconter par ses poètes, il a, je pense, fourni lui-même leur thème aux artistes et aèdes, et aujourd'hui, à la distance de trente-cinq siècles, il nous est bien difficile de dire quelle part dans cette épopée revient à l'histoire

(1) Je crois d'ailleurs que l'idée de *Nostalgie d'obélisques* a été suggérée au poète par une lettre de son ami Maxime Ducamp, qui lui écrivait de Louxor : « Devant deux pylones éventrés, couverts de sculptures encore visibles, s'élance un obélisque en granit rose qui semble, seul et désolé sous l'implacable soleil, regretter son frère absent. » (*Le Nil*, 4e édition, p. 1).

et laquelle à l'imagination du Pharaon. Voici, d'après ce dernier, comment les choses se sont passées :

Ramsès était parti avec son armée pour combattre les Khétas, qui avaient ourdi contre lui une formidable conspiration de la Syrie, de la Palestine et de l'Asie Mineure. Arrivé dans les environs de la grande ville de Quadesch, le roi, trompé par de faux transfuges qui sont en réalité des espions de l'ennemi, se laisse persuader que celui-ci est en pleine fuite à quarante kilomètres plus au nord. Sur la foi de ces renseignements fallacieux, il s'avance plein de confiance avec sa seule garde, pendant que le reste de son armée le suit à petites journées. Déjà il a dépassé Quadesch, lorsque, ô terreur ! d'autres espions sur lesquels on a mis la main avouent, sous le bâton, que le roi des Khétas est en embuscade à peu de distance, et qu'il va fondre sur le Pharaon séparé du gros de son armée. La retraite est coupée !

Il faut combattre dans des conditions désespérées, mais, confiant dans la vigueur de son bras et dans le secours d'Ammon, Ramsès n'hésite pas : il se jette dans la mêlée et fait un grand carnage des ennemis. Enfin, l'armée arrive le soir et dégage le roi. Le lendemain, la bataille recommence et se termine par une éclatante victoire : les Khétas doivent demander la paix et Ramsès rentre en triomphe à Thèbes, où il immole les prisonniers à son père Ammon.

Telle est l'histoire qui est devenue, sous la plume d'un poète égyptien, la plus ancienne Iliade du monde, antérieure d'une demi-douzaine de siècles à celle d'Homère. On l'attribuait jadis à Pentaour, mais on a reconnu, depuis, que Pentaour, comme le Thurold de la Chanson de Roland, n'est que le copiste et non l'auteur du poème. Ce poème, le voilà tout entier gravé sur les pierres du pylône, à côté des scènes qui le mettent sous nos yeux : le mur est comme un gigantesque livre illustré dont tous les épisodes défilent devant nous dans une succession de scènes dramatiques et émouvantes, racontées à la fois par la parole et par l'image. Elles sont disposées sur deux registres et commencent, selon l'usage égyptien, par celui du bas, qui est censé représenter le premier plan du tableau.

Voici un aperçu de cette illustration murale.

L'armée se met en marche, les légions défilent avec une régularité toute militaire; devant elles et sur leurs flancs s'avancent les chars, traînés par des chevaux fougueux.

Le deuxième tableau nous introduit dans le camp de Ramsès. C'est un grand rectangle à l'intérieur duquel se passent une multitude de scènes militaires pleines de vie et d'animation : on dresse des chevaux, on s'amuse à des exercices guerriers, on apporte des provisions au camp; un bœuf rumine couché paisiblement; un étalon s'abreuve; dans un petit temple ménagé au milieu du camp, des soldats à genoux adorent le dieu de Pharaon.

Au troisième tableau, Ramsès assis sur son trône écoute les faux transfuges qui viennent le tromper; la noblesse et la beauté de son attitude font un contraste éclatant avec les contorsions ignobles des sycophantes qui s'humilient à ses pieds.

Au quatrième tableau, c'est une scène plus

récréative pour le patriotisme égyptien. Les espions des Khétas sont bâtonnés d'importance et entrent dans la voie des aveux.

Au cinquième tableau, nous sommes au milieu de la bataille. Comme dans toutes les scènes où Pharaon combat en personne, l'artiste lui a donné une taille gigantesque pour mieux marquer sa divine supériorité sur son peuple comme sur ses ennemis Il est debout. dans un calme d'une majesté impressionnante, sur son char de combat que ses chevaux emportés par un élan superbe entraînent au galop dans la mêlée, et il décoche ses traits sur les ennemis qui succombent de tous les côtés ou fuient éperdûment devant lui. On dirait qu'Homère s'est inspiré de ce tableau pour décrire Apollon dardant ses flèches irritées sur le camp des Grecs. A côté du char royal court le lion familier de Pharaon, qui semble revendiquer sa part de combat et de gloire. La lutte est acharnée : l'on reconnaît les divers corps de l'armée pharaonique; les soldats indigènes portent le long bouclier rectangulaire aux angles arrondis par le haut;

les mercenaires sont reconnaissables à leur targe ronde et à leur salade de forme particulière, terminée au sommet par un appendice qui fait vaguement penser au casque à pointe des soldats allemands.

Sur l'autre mur, la lutte est terminée, et vous assistez, Dieu sait pour la quantième fois, à une scène dont la l'éternelle reproduction pendant quarante siècles n'a pas eu le pouvoir de lasser la complaisance avec laquelle l'amour-propre égyptien l'a contemplée. Pharaon, dans un geste énorme, lève sa massue sur un groupe d'ennemis qu'il tient prosternés à ses pieds, la main dans leurs chevelures jointes, et Ammon assiste avec une satisfaction paternelle au sacrifice qui lui est fait de ces victimes humaines.

Écoutez maintenant le poète. Il suit pas à pas la marche des scènes qui viennent de se dérouler sous vos yeux; il n'oublie aucun détail, mais il y met l'émotion, le souffle ardent de la parole humaine. Son récit prend un caractère dramatique intense au moment où il montre le roi seul dans la mêlée avec son écuyer Menno. Le fidèle serviteur voudrait que son maître pensât à sauver sa vie, mais telle n'est pas la préoccupation de Pharaon, qui est comme un dieu ivre de carnage. Le danger toutefois grandit; un instant effrayés, les ennemis reforment leurs rangs autour de Ramsès. Dans sa détresse, il se souvient de son père Ammon et il l'invoque en accents passionnés :

« Où donc es-tu, mon père Ammon? Est-ce qu'un père oublie son fils? Ai-je donc fait quelque chose sans toi? Ne t'ai-je pas consacré des offrandes innombrables? J'ai rempli ta demeure sacrée de prisonniers, je t'ai bâti un temple pour des millions d'années.... Je t'ai offert le monde entier pour enrichir tes domaines. J'ai fait sacrifier devant toi trente mille bœufs. J'ai fait venir des obélisques d'Eléphantine; c'est moi qui ai dressé en ton honneur ces pierres éternelles. Mes vaisseaux naviguent pour toi sur la mer, et ils t'apportent le tribut des nations! »

« Je t'invoque, ô mon père Ammon! Me voici seul au milieu d'ennemis innombrables. Mes soldats m'ont abandonné, aucun de mes cavaliers n'a regardé vers moi, et quand je les appelais, pas un n'a écouté ma voix. Mais je sais qu'Ammon vaut mieux pour moi qu'un million de soldats. »

Le cri de détresse de Pharaon a retenti jusqu'au fond du temple d'Hermonthis, et Ammon l'a entendu Déjà il est derrière son fils : « J'accours à toi, je suis avec toi. C'est moi, ton père ... »

Tout cela est d'un grand souffle et d'une inspiration vraiment épique. A chaque instant, dans la lecture de ce vieux poème, vous vous arrêtez, croyant lire de l'Iliade : c'est le même appel au Dieu protecteur, la même évocation des hommages et des sacrifices par lesquels on a mérité sa protection, la même affection du héros pour ses chevaux de combat, les mêmes reproches aux soldats et aux généraux qui ont laissé leur maître seul dans la mêlée. Ce qui manque c'est précisément ce qui fait le charme pathétique de l'œuvre grecque : la large sympathie du divin aveugle de Chios pour tous les combattants, l'admiration pour le vainqueur ne nuisant pas au respect et à la pitié pour le vaincu. Homère fait combattre devant nous une armée de héros et nous intéresse à chacun d'eux; dans le poème égyptien, Pharaon est seul, seul avec son lion et avec ses deux chevaux. Ceux-ci obtiennent une mention élogieuse; on les met en meilleure place que l'écuyer Menno, qui n'a donné qu'un conseil de prudence non écouté.

Tels sont les tableaux que déroule et les accents que fait entendre au visiteur le pylône du temple de Louxor. Après l'avoir contemplé longuement, je franchis enfin la porte, et me voilà dans la première cour. O spectacle! En face de moi, au fond, sous l'aveuglante lumière du soleil, quatorze Pharaons gigantesques sont là qui me regardent. Deux sont assis dans la pose hiératique traditionnelle, les mains sur les genoux, à l'entrée de la porte qui mène à la salle hypostyle; les douze autres, debout dans les entrecolonnements, en allure de marche, le signe de vie dans la main droite, s'avancent souriants et superbes. Car les rois de Mizraïm sourient toujours, mais d'un sourire satisfait et non bienveillant : c'est leur rêve intérieur qui dilate leurs physionomies dans la contemplation de leur propre divinité.

Un instant, je me sens intimidé par la présence inattendue de tant de majestés dont je n'avais pas sollicité l'audience. Mais mon embarras ne dure pas longtemps, et à mon tour je ne m'abstiens pas de sourire, car ces quatorze Pharaons, est-il besoin de l'apprendre au lecteur? ne sont qu'un seul et même personnage, à savoir le sempiternel et encombrant Ramsès II. Quand j'ai fait cette constatation, je me permets de tourner le dos à Sa Majesté pour prendre une vue d'ensemble du lieu où je me trouve. Et je découvre alors derrière moi, dans l'angle nord-ouest de la cour, comme blotti sous la colonnade de Ramsès, un temple de Thoutmosis III qui partout ailleurs serait grand et qui a dans ce milieu l'air d'une chapelle : c'est un édifice à trois sanctuaires, consacré à la triade thébaine : Ammon, Mout et leur fils Khons

Ce monument se dressait ici depuis plusieurs générations lorsque vint le fastueux Pharaon qui a voulu éclipser par la splendeur de ses édifices tout ce qu'on avait bâti avant lui. Il a mieux fait, dans ce but, que de détruire le temple de Thoutmosis : il l'a englobé, absorbé, écrasé par l'énormité des proportions de sa propre architecture. Je comprends maintenant son sourire : il regarde l'œuvre de son prédécesseur et il s'enorgueillit de la comparer à la sienne....

Ramsès n'est pas seul dans sa cour. S'il veut tourner la tête, il peut contempler la splendeur des cortèges qu'il a organisés de son vivant. Il a eu soin de les représenter ici : tous les murs s'animent, parlent et racontent sa gloire. Une longue frise fait défiler sous nos yeux la procession qui se dirige vers le temple de Louxor pour y offrir un sacrifice : on y voit le Pharaon lui-même, les grands, les joueurs de flûte, les prêtres, les victimes ornées de fleurs et de bandelettes, comme dans les *Suovetaurilia* du Forum romain. Il est intéressant de constater que le temple de Louxor est représenté ici sur ses propres murs : on reconnaît tout de suite son pylône, sur lequel flottent les bannières attachées à de hauts mâts, ainsi que les deux

Ramsès du seuil. Mais, détail piquant, ceux-ci ne se montrent pas de face comme dans la réalité : on les voit de profil, se faisant vis-à-vis des deux côtés de la porte. L'art égyptien a altéré la réalité pour rester fidèle à son principe.

A la cour de Ramsès, qui oblique un peu sur l'ensemble du monument, succède ce qui devait être, dans le plan d'Amenhotep III, la salle hypostyle. Elle n'a jamais été achevée et forme aujourd'hui une espèce de gigantesque couloir dont les quatorze colonnes, sept de chaque côté, ouvrent une perspective pleine de charme sur la seconde cour. Aux murs, nouvelles représentations de fêtes liturgiques ayant le temple de Louxor pour théâtre : on y voit le cortège solennel qui, le jour du nouvel an, porte la barque sacrée d'Ammon du temple de Karnak à celui-ci, et qui la reporte à Karnak après la journée.

Puis vient la cour d'Amenhotep III. Rien n'est beau, sous le calme du ciel immaculé, comme ce pourpris tranquille, tout inondé de jour, entouré aux quatre côtés de doubles rangées de colonnes dont les fûts gigantesques découpent sur le sol de grands rectangles de lumière. Assis à l'ombre de ces arbres de pierre, dans la grande paix du dimanche, je m'absorbe dans une longue rêverie. Il me semble être là-bas, dans la forêt que j'aime, au milieu de la chère solitude peuplée de tant de visions gracieuses. Ne sont-ce pas les fûts argentés de mes hêtres que je vois devant moi, si blancs et si polis? Ne suis-je pas dans ce sanctuaire végétal où les colonnes sont vivantes et chantent des hymnes à Dieu sous la brise du soir? Et ces oiseaux que je vois voleter partout autour de moi et dont le piaillement égaie ces lieux, oui, ce sont les familiers de mes belles années. La forêt verdoyante et le temple en ruines sont également enchantés : ils mêlent mes seize ans et les victoires de Ramsès en un seul et radieux souvenir de jeunesse et de gloire.

Mais le temps presse; il faut secouer mon rêve et continuer la promenade. Nous quittons la cour d'Amenhotep III et nous entrons dans une seconde salle hypostyle, qui est l'œuvre du même prince. A partir d'ici, les proportions de l'édifice se resserrent; nous sommes dans la partie la plus ancienne du temple. La seconde salle hypostyle, avec ses trente-deux grandes colonnes disposées sur quatre rangs, forme l'entrée mystérieuse des diverses salles qui vont aboutir au saint des saints. Elle donne accès à un triple sanctuaire consacré, comme celui de Thoutmosis, au grand dieu Ammon et à ses parèdres : Mout et Khons. La chapelle centrale de ce sanctuaire avait été transformée, à l'époque chrétienne, en église, et dans le fond on avait ménagé une abside hémisphérique garnie de deux colonnes corinthiennes. Au lieu de détruire les reliefs païens, on les avait couverts de stuc. Depuis, le stuc est tombé et les reliefs ont reparu, image saisissante du christianisme égyptien qui n'a été, dirait-on qu'un enduit temporaire appliqué sur la vieille civilisation de ce pays !

Le mur du fond de l'ancienne église étant fermé par l'abside, il faut sortir et prendre par les couloirs latéraux pour gagner les autres pièces qui font suite au triple sanctuaire. Il y en a une succession dont l'emploi ne m'a pas été révélé : mais comment ne pas s'arrêter dans la salle dite d'Alexandre-le-Grand, où l'on voit ce conquérant en présence de « son père » Ammon? L'hellénisme, de même que Rome, a adopté les fables égyptiennes : elles plaisaient à tous les despotes et s'adaptaient à toutes les mythologies.

Le saint des saints termine le vaste ensemble de la construction d'Amenhotep. On y voit le Pharaon introduit auprès du dieu par Aton et par Horus : ainsi, dans les tableaux de nos églises, le bienfaiteur du sanctuaire est présenté à Jésus ou à la Vierge par ses saints patrons.

Toutes ces chapelles, à partir de la seconde salle hypostyle, sont elles-mêmes entourées, comme à Dendérah, de chapelles latérales ou de chambres de dégagement. Il y en a une où j'ai assisté à un des plus étonnants spectacles de ma vie.

La chapelle en question est celle de la naissance d'Amenhotep. Le fondateur du temple de Louxor était un des derniers grands souverains de la XVIIIe dynastie. C'était à la fois un roi bâtisseur et un roi chasseur, et nous connaissons par lui-même celui de ses exploits dont il semble le plus fier : pendant les dix premières années de son règne, il avait tué cent deux lions! Ce qui nous intéresse bien autrement que son carnet de chasse, c'est son arbre généalogique, tel du moins, qu'il a pris soin de le constituer. Pour bien faire comprendre au lecteur les scènes qui vont se dérouler sous ses yeux, quelques mots d'explication sont nécessaires.

On le sait, le dogme sur lequel repose tout l'édifice de la monarchie égyptienne, c'est que le Pharaon est un dieu. Non pas un dieu en théorie à la manière des empereurs romains, mais un dieu en chair et en os, dont tous les ancêtres étaient dieux comme lui et qui se rattachait directement au dieu suprême, c'est-à-dire à Râ ou à Ammon. Lui-même ne pouvait engendrer qu'un dieu, et, pour maintenir la pureté du sang qui coulait dans ses veines, il devait prendre pour épouse une femme de même race que lui : voilà pourquoi, depuis Menès jusqu'aux derniers Ptolémées, les souverains de l'Égypte épousèrent leurs sœurs : l'inceste était pour eux l'accomplissement d'un devoir religieux et patriotique.

Or, il arrivait souvent que le hasard des événements fît monter sur le trône quelqu'un qui n'était pas dieu du tout, ou bien encore un simple demi-dieu, c'est-à-dire un fils de Pharaon et d'une concubine. Voilà la dynastie bien compromise! Mais il est avec le Ciel des accommodements. Ammon intervenait obligeamment, en vrai *Deus ex machinâ*, pour rendre au Pharaon les quartiers de divinité qui lui manquaient. Par un stratagème semblable à celui de Jupiter chez Amphitryon, il devenait le vrai père du roi. C'est cette fiction audacieuse qu'Amenhotep n'a pas craint de populariser, en représentant sur les murs de son temple les diverses phases de sa filiation supposée.

Pour commencer, il y a un tableau d'inspiration bien égyptienne. Avant d'être conçu dans le sein de sa mère, Pharaon est déjà né : c'est le dieu Khnoum qui, en présence d'Isis, fabrique sur un tour à potier deux figures d'enfant qui seront l'une l'âme, l'autre le corps d'Amenhotep. C'est seulement après cet acte créateur qu'a lieu la visite d'Ammon chez la reine Moutemouaou. Les deux amants sont assis l'un en face de l'autre, sur des sièges rapprochés qui leur permettent de croiser leurs pieds, dans une conversation intime que l'artiste a su rendre avec une délicatesse digne d'éloges, se bornant à mettre toute l'expression de leur amour dans leur sourire. A la suite de cette scène, Isis félicite la reine et la serre dans ses bras, Khnoum vient lui annoncer qu'elle sera prochainement mère, les deux divinités la prennent par la main et la conduisent vers sa couche; la voici alitée, pendant que deux génies tendent vers elle le signe de vie qui lui portera bonheur, Qui ne se souvient, devant cette scène d'accouchement, des fresques représentant la naissance de la Sainte Vierge, dont le pinceau de Ghirlandajo a orné les murs de Santa Maria Novella de Florence?

Mais nous ne sommes pas au bout. Maintenant le nouveau-né est remis par Isis à son père Ammon, qui le prend dans ses bras et qui le reconnaît comme son fils. Il est ensuite allaité par la vache Hathor, la grande déesse de Dendérah : l'enfant tout nu se suspend au pis de la bonne nourrice, et celle-ci se retourne vers lui avec le geste presque maternel de la louve allaitant Romulus et Rémus. Puis le jeune prince est présenté aux autres dieux, qui l'accueillent comme un membre de leur famille : je note qu'il apparaît en double exemplaire, âme et corps, et que ces deux jumeaux ont chaque fois le doigt dans la bouche : c'est la représentation stylisée de l'enfant (1). Voilà la divinité d'Amenhotep III dûment constatée ; il n'y a plus moyen d'en douter ici, puisque les pierres elles-mêmes la proclament !

Après cette stupéfiante leçon d'histoire, le temple de Louxor n'avait plus rien à m'apprendre.

(1) Lorsque j'étais à Berlin en 1874, Lepsius me parlait d'une curieuse méprise des Grecs. Horus enfant, que les Égyptiens appelaient Hor-pe-Chroti (Horus le petit) était lui aussi représenté le doigt dans la bouche ; les Grecs ont cru qu'il le mettait sur les lèvres et ils en ont fait Harpocrate, le dieu du silence. Voilà, à quelques pages de distance, deux analogies que j'ai l'occasion de noter entre la mythologie grecque et celle de l'Égypte, et il y en a d'autres. Le jour où l'on voudra les étudier, on ne repoussera plus avec dédain les traditions par lesquelles les Grecs eux-mêmes ont toujours affirmé l'influence de l'Égypte sur leurs origines.

Une demi-heure plus tard, l'*Amenartas* continuait sa route vers la haute Égypte, sous la splendeur toujours plus merveilleuse du soleil. Assis à l'arrière du bateau, je ruminais ce que je venais de voir et j'essayais de pénétrer dans l'âme d'une civilisation qui enseignait de pareilles choses aux peuples. Mais bientôt je m'en fatiguai, et je me mis à lire dans ma Bible les vêpres du dimanche. Le calme religieux du jour, qui semblait se souvenir qu'il était consacré au Seigneur, la magie des scènes qui se déroulaient devant moi, la grande voix du psalmiste qui me berçait au parallélisme de ses versets comme le Nil au roulis de ses flots, tout cet ensemble d'influences apaisantes eut bientôt exercé leur charme sur mon esprit, et Israël me fit oublier Mizraïm. A mesure que je lisais, il me semblait que je n'avais jamais compris si bien la sublimité de ces strophes qui avaient nourri mon cœur depuis l'enfance, et qui étaient particulièrement éloquentes ici, en face du temple des faux dieux. L'*In exitu Israël de Aegypto* faisait passer dans mes veines le frisson de la grande inspiration qui a dicté ce chant surhumain :

« Les idoles des nations ont des yeux et elles ne voient point, des oreilles et elles n'entendent point, des mains et elles ne palpent point, une langue et elles ne parlent point

» Les idoles des nations sont l'œuvre de la main des hommes. Puissent devenir semblables à elles ceux qui les adorent! »

Je me surprenais à répéter à mi-voix ces accents qui me vengeaient des Khnoum, des Horus, des Hathor et de leur Amenhotep; puis je me mettais à feuilleter le Livre sacré et j'y lisais encore :

« Il n'y a point d'idoles dans Jacob, il n'y a point de simulacres en Israël. Ce peuple habitera seul et il ne sera pas compté au nombre des nations. Que tes tentes sont belles, ô Israël, que tes pavillons sont beaux, ô Jacob! Celui qui te bénira sera béni, celui qui te maudira sera compris parmi les maudits (1). »

---

(1) Nombres XXII-XXIV.

Et, retournant à des passages aimés, je continuais ma lecture :

« Malheur à ceux qui adorent les idoles et qui donnent le nom de dieu à l'œuvre de la main humaine! Ils ont mis leur espérance dans la mort.

» L'homme n'a pas le pouvoir de fabriquer un dieu semblable à lui. Il vaut mieux que les idoles qu'il adore : car lui, bien que mortel, il est vivant, et elles sont privées de vie (1). »

Puis encore :

« Quand vous verrez porter, dans les cortèges, des dieux d'or et d'argent qui inspirent la crainte aux Gentils, gardez-vous de les craindre, mais dites du fond du cœur : « C'est vous seul que nous adorons, ô Dieu! »

» Ces dieux, c'est l'orfèvre qui a poli leur langue d'or et d'argent, mais elle ne peut parler. Ils ont sur la tête des couronnes d'or et d'argent, mais leurs prêtres les prennent pour en orner leurs prostituées.

» Ces dieux, ils ne sont pas à l'abri de la

(1) Sagesse, XIII, 10; XV, 16-17.

rouille et de la teigne; leurs vêtements de pourpre n'empêchent pas que la poussière se mette sur leur figure.

» Ils ont en main le sceptre, mais il ne parvient pas à les protéger contre les voleurs. Ne les prenez donc pas pour des dieux.

» Ils ont les yeux remplis de la poussière soulevée par les pieds des passants; ils sont mis sous clef par les prêtres pour qu'on ne les vole pas; on allume devant eux des lampes, mais ils ne peuvent pas les voir; les serpents viennent leur ronger le cœur et ils ne le sentent pas; la fumée qu'on fait leur noircit le visage; sur leur tête volent les chouettes et les chauves-souris. Sachez donc que ce ne sont pas des dieux et ne les craignez pas! (1) »

C'est ainsi que parlait Israël, à l'heure où dans le monde entier la fumée des sacrifices emplissait les temples des idoles. La voix de ce petit peuple retentissait comme un blasphème aux oreilles des grands rois, et « la haine du genre humain », pour parler comme

1) Baruch, VI, 3 et suiv.

Tacite, poursuivait en lui le contempteur cynique des dieux. Mais Israël a gardé le dernier mot! Les chouettes et les chauves-souris continuent de voltiger dans les repaires qui abritaient les idoles des nations, et des millions de voix s'élèvent tous les jours de la terre pour bénir le Dieu qu'ont glorifié David et Baruch.

Belle et radieuse après-midi de dimanche, tu resteras dans mon souvenir comme le plus doux parfum que j'ai rapporté de la terre d'Égypte. Tu as mis dans mon oreille et dans mon cœur la voix des prophètes, qui m'a bercé comme une musique délicieuse au sortir des temples sinistres où règnaient l'imposture et le mensonge.

CHAPITRE XIV.

ASSOUAN.

Entre Louxor et Assouan, qui est le terme de notre voyage, nous avons fait une halte à Edfou pour aller visiter le temple d'Horus. La ville égyptienne ne nous est connue, comme les autres, que sous un nom grec : elle s'appelait Hieraconpolis, c'est-à-dire la cité des faucons. Le temple est, comme celui de Dendérah, de l'époque ptolémaïque, mais mieux conservé, et il donne une idée plus complète encore de ce qu'était un sanctuaire égyptien. Le pylône, debout dans toute sa majesté, nous offre sur sa façade extérieure l'éternelle image du Pharaon victorieux écrasant avec sa massue les ennemis prosternés. Ce Pharaon n'est qu'un Ptolémée, mais n'importe : il est vêtu du costume archaïque et il fait le geste rituel consacré par une tradition de quarante siècles.

Dans la cour à portique s'ouvrant derrière

le pylône, deux gigantesques faucons de pierre gardent, à droite et à gauche, la porte par laquelle on accède au vestibule à colonnes. Le plan est d'ailleurs le même que celui de Dendérah. Au vestibule succède une salle hypostyle, puis vient la première salle du saint, puis la deuxième salle du saint, puis le saint des saints lui-même, où l'on trouve encore le *naos* de granit dans lequel était conservée la statue du dieu. Tout alentour, à droite, à gauche, au fond, sont des chambres nombreuses servant à divers usages cultuels. Un couloir d'enceinte court autour de l'édifice entre deux hautes murailles; enfin, d'innombrables reliefs reproduisent sur toutes les surfaces disponibles les gestes hiératiques de l'adoration et du sacrifice.

Je retrouve ici, comme à Dendérah, le plan du temple de Jérusalem. Les Hébreux, en quittant l'Égypte, n'ont pas seulement emporté ses vases d'or, mais aussi ses traditions d'art et ses rites liturgiques. A Jérusalem, il est vrai, les proportions étaient plus modestes, mais la disposition générale était la même : un vestibule à portiques, le saint, le saint des saints; alentour, quantité de salles servant à des usages cultuels ou à l'habitation des prêtres. Comme le saint des saints des temples égyptiens, celui du vrai Dieu était sans fenêtres et renfermait un *naos*; deux chérubins l'entouraient de leurs ailes étendues comme celle du vautour sacré qui protègeait les rois de Mizraïm.

Le temple de Jérusalem pouvait donc passer pour une copie des magnifiques sanctuaires de la vallée du Nil, mais quel abîme les sépare!

Rien n'a été plus aimé ici-bas que le Temple du Seigneur. La terre n'a jamais entendu d'accents plus doux et plus émouvants que ceux des enfants d'Israël chantant la maison de Dieu. Elle était l'image visible de la patrie et le gage de l'alliance avec Jéhovah; la voir, c'était le bonheur. Au loin, dans les plaines de Galaad, le fidèle tressaillait de joie quand sonnait l'heure du pèlerinage annuel et qu'on lui disait « Nous irons dans la maison du Seigneur. Nos pieds fouleront donc tes saints parvis, ô Jérusalem! » Et aujourd'hui encore, après dix-huit cents ans, l'écho de ce chant d'amour retentit en thrénodies lugubres tous les vendredis au pied du Mur des Lamentations : « A cause du temple qui est détruit, nous sommes assis et nous pleurons!... »

Ah! si une seule fois l'Égypte avait fait entendre une telle parole au monde, elle aurait une autre place dans l'histoire de la civilisation et dans les souvenirs du genre humain!

Le lendemain de notre visite à Edfou, nous débarquons à Assouan. Nous sommes ici dans l'antique Syène, à proximité de la première cataracte, aux confins de l'Égypte et de la Nubie. L'île de Philé, en amont d'Assouan, appartenait déjà à cette dernière contrée.

Curieuse association d'idées! En mettant le pied sur le sol d'Assouan, je revois en esprit l'un des sites les plus riants que j'aie rencontrés au début de mon voyage : c'est, sous un beau soleil, Aquino étendu au pied de sa montagne. Et le lien entre les deux villes, c'est l'homme qui fut, après saint Thomas, le plus illustre enfant d'Aquino : saluez, humaniste, le nom de notre vieil ami Juvénal. Pauvre poète! Il avait dit que les ennuis de la ville éternelle le forceraient à fuir au-delà des Sarmates, et c'est plus loin encore, c'est en Nubie, aux extrémités du monde connu, qu'il est venu finir sa carrière. Y a-t-il du moins trouvé la paix, et le plaisir de ne plus entendre la Théséide de Codrus (1) lui a-t-il fait supporter les scènes de cannibalisme qu'il a décrites dans sa quinzième satire? Ou bien a-t-il eu, comme Ovide exilé à Tomes, la nostalgie de la grande fourmilière humaine qui couvrait les sept collines? L'histoire ne nous le dit pas : la terre a recouvert les ossements du poète et l'oubli a englouti sa vie; aux questions que je pose, il me semble entendre le vent du désert répondre avec une voix ironique : Que t'importe?

Nous sommes ici dans le voisinage des tropiques et nous nous en apercevons. Pour la première fois depuis notre arrivée en Égypte, la chaleur dépasse ce qu'un Européen

(1) Semper ego auditor tantum? Nunquamne reponam
Vexatus toties rauci Theseide Codri?

Juvénal I. 1

consent à endurer sans se plaindre. La température est atroce et nous tient enfermés dans notre chambre pendant la plus grande partie de la journée. C'est vers cinq heures du soir seulement que nous nous risquons à sortir de l'hôtel, et en mettant le pied sur le quai nous croyons entrer dans une fournaise. En face de nous est Éléphantine, qui semble nous inviter. Pour nous conformer au programme de Baedeker, nous faisons en felouque une promenade autour de l'île, mais l'espoir de trouver un peu de fraîcheur sur les flots a été déçu : la chaleur restait torride et le fleuve, semblable à un miroir, nous envoyait en plein visage la réverbération d'un soleil qu'on eût dit fondu dans de l'eau bouillante. Ajoutez à cela le grincement lugubre de la roue d'une *sakieh* gigantesque, mais invisible, qui semblait la voix de je ne sais quels damnés en proie aux flammes de ce radieux enfer.

Nous avons peu joui de l'île, bien que nous l'ayons parcourue sous la conduite d'un guide qui nous en a montré les ruines et fait visiter notamment le Nilomètre décrit par

Strabon. Éléphantine pourrait être charmante et elle est affreuse. Je ne parle pas du côté où s'élève l'hôtel Savoy, dont les jardins sont, l'après-midi, le rendez-vous des villégiateurs d'Assouan : je n'ai pas visité ces royaumes du comfort. Mais la partie de l'île qui reste aux indigènes et aux souvenirs a été pour moi d'un poignant intérêt. Des ruines, dans lesquelles on fait en ce moment des fouilles productives, je n'ai vu que ce qu'on voit dans les livres : elles sont d'ailleurs muettes pour qui n'est pas un peu frotté d'égyptologie Quant aux villages que m'a fait traverser mon guide arabe, c'est autre chose.

J'en avais vu passer des centaines sur les deux rives du Nil, pendant mon voyage de dix jours du Caire à Assouan, et j'avais essayé de me figurer quelle devait être la vie dans ces oasis ombragées par des palmiers et caressées toute l'année par le soleil. Hélas! que la réalité correspondait peu à la vision poétique! De tristes et mornes enclos de terre battue, avec une simple brèche pour porte, enfermant une cour nue et sale autour de laquelle il y a quelques réduits exigus sans fenêtres, voilà les maisons! Elles se serrent les unes contre les autres sans solution de continuité; d'étroits et malpropres sentiers qui séparent les divers pâtés, voilà les rues! Sur le tout est répandue, en signe de deuil, dirait-on, une épaisse poussière qu'à chaque instant le vent soulève en sombres nuages et vous jette à la figure; encore faut-il bénir le vent de tempérer l'atroce chaleur estivale qui transforme ces pauvres chenils en fournaises. Et les palmiers, si beaux et d'un effet si pittoresque au-dessus des toits plats des villages vus de loin, ah oui! ils étaient vraiment lugubres à voir de près, enfermés par douzaine comme des prisonniers, dans un certain nombre d'enclos entourés de murs bas où ils se tordaient avec des gestes de désespoir et semblaient pleurer le large du désert. Comme ils ouvraient lamentablement au soleil leur maigre panache souillé, lui aussi, par l'universelle poussière, et comme il faisait triste à leurs pieds sans ombre, où il n'y avait rien que la terre nue et sale!

Au milieu de ces caricatures de villages

erraient sans joie et sans sourire de lamentables femmes drapées de noir, aux traits flétris dès la première maternité, aux lèvres bizarrement peintes en bleu comme pour accentuer le caractère déplaisant de leurs physionomies. J'en ai rencontré que j'aurais crues sexagénaires et qui portaient à califourchon sur l'épaule des bambins nus de deux ou trois ans, attestant qu'elles étaient de jeunes mères. Une misère sans espérance semblait le seul lot des habitants de ces cités dolentes, sur lesquelles la magnificence du soleil resplendit comme une cruelle ironie. L'Irlande aussi est misérable, et peut-être l'est-elle matériellement davantage, mais le paddy a quelque chose qui manque au fellah ; un éternel *Sursum Corda* lui élève l'âme vers les régions idéales, il rêve au jour où il fera de la verte Érin une nation libre et heureuse, et cette vision d'avenir suffit pour entretenir dans son âme la fraîcheur et la gaieté. Mais vous, ô pauvres fellahs qui peinez depuis plus de six mille ans, avec la morne résignation de la bête de somme, pour féconder de vos sueurs la terre d'autrui, quand verrez-vous flotter la bannière de l'espérance au-dessus de vos malheureux gourbis?

J'ai quitté l'île d'Éléphantine avec des impressions mélancoliques. Le soleil venait de se coucher lorsque nous regagnâmes la felouque qui devait nous ramener à Assouan. Les flots du Nil étaient encore rouges de sa gloire et l'ouest gardait l'éclat pâlissant de son coucher, mais déjà l'ombre se répandait rapidement dans tout le reste du ciel et les étoiles apparaissaient l'une après l'autre. Devant nous, le long du quai d'Assouan, parmi les riantes façades blanches des maisons, s'étaient allumés les nombreux fanaux de la lumière électrique, qui m'apportaient le salut de la civilisation européenne. Au sortir des sordides cabanes que nous venions de visiter, ce spectacle avait quelque chose de réjouissant. Il rappelait la douceur de la vie moderne et me l'eût fait aimer, si j'avais pu oublier qu'elle a rivé la chaîne du fellah et qu'elle n'a guère appris aux Egyptiens que des vices.

CHAPITRE XV.

LE DÉSERT ET PHILÉ.

Je m'étais endormi sous mon moustiquaire, la tête brûlante et préoccupé de ce que j'allais devenir pendant le reste de mon séjour dans la Haute Égypte, sous un ciel de feu. La matinée du lendemain m'apporta une agréable surprise. A l'infernale chaleur de la veille avait succédé, dès les premières heures du jour, un vent violent du nord qui tendait un opaque voile de nuages devant le soleil, et qui, s'il remplit toute l'atmosphère de poussière, nous apporta en même temps une délicieuse fraîcheur. Il continua de souffler pendant toute la durée de notre séjour à Assouan et il nous débarrassa de tout souci.

Ce fut donc dans des conditions excellentes que nous pûmes faire à dos d'âne l'excursion de Philé. Superbe promenade à travers un désert de rochers et de sable, sillonné et convulsé comme un paysage alpestre. Partout se dressaient des blocs à l'aspect fantastique et semblables à des êtres pétrifiés; de loin, les couches de sable amassées dans les ravines affectaient des airs de glaciers. Au milieu de ce paysage de mort s'étendait sur un espace immense le cimetière arabe, disséminé comme au gré du hasard, sans clôture et sans ordre, avec ses pauvres tombes en ruines. Nous avancions sans bruit, comme des ombres, à travers le vaste silence des mornes étendues, sur lesquelles tourbillonnait le sable soulevé par le vent. Nous eussions pu nous croire emportés par une force mystérieuse vers les régions d'où l'on ne revient pas. D'intervalle à autre, nous rencontrions quelque pauvre femme qui allait pleurer ses morts dans un coin perdu de la lugubre nécropole. Brusquement, le chemin, ou pour mieux dire la foulée que nous suivions rencontra la ligne du chemin de fer d'Assouan à Chellal, en face de Philé : le charme était rompu; ce rappel de la vie moderne au sein du désert n'avait rien de particulièrement agréable.

Arrivés au bord du Nil, qui était ce matin

houleux comme une mer, nous y trouvâmes tout un essaim de bateliers loquaces et turbulents qui, naturellement, se disputèrent nos personnes. Après de bruyantes explications entre eux et nos âniers, nous fûmes jetés dans une des barques amarrées sur le rivage, et nous remontâmes le fleuve dans la direction de Philé. Le patron, qui était un homme d'âge mûr, tenait le gouvernail ; aux avirons, il y avait quatre adolescents qui se soulevaient comme endiablés sur leurs bancs chaque fois qu'il s'agissait de ramener les rames. A côté de l'un d'eux était venu s'installer un marmot de quatre ans, à l'air maladif, porteur de toute une colonie de mouches qui avaient élu domicile sur le bord de ses paupières sans qu'il pensât à les chasser. Il étendait sa menotte sur l'aviron et imitait le geste du jeune rameur son voisin. Je me figurai d'abord qu'il le faisait par manière de jeu, mais son imperturbable sérieux et l'attitude de nos gens, qui avaient l'air de trouver cela tout naturel, me fit bientôt changer d'avis. Pour achever de m'édifier, le petit bonhomme se mit à entonner, de sa maigre voix de crécelle, un de ces refrains par lesquels les ouvriers égyptiens scandent le travail collectif, et les quatre rameurs, avec le patron, continuèrent le chant en chœur. Pendant toute la navigation, qui fut assez longue à cause du gros temps, je pus admirer cette petite république de nautonniers égalitaires où la distance entre l'homme et l'enfant paraissait absolument effacée.

Enfin, voilà Philé, l'île sainte où, au milieu d'une couronne de temples et de colonnades, surgissait le sanctuaire d'Isis, bâti par les Ptolémées. Isis! quel nom dans l'histoire religieuse du monde! Isis, la rivale païenne de la Vierge Marie comme Mithra fut le rival païen de Jésus-Christ! C'est ici que, comme l'Armide du Tasse, la grande ensorceleuse des hommes avait ses jardins enchantés. Ils ont péri avec elle, car Philé n'existe plus, il n'en reste que la partie la plus haute, où nous débarquons. L'île sainte est morte à la manière d'une île, c'est-à-dire qu'elle a été engloutie par son fleuve.

Pour pouvoir disposer des eaux du Nil

pendant la baisse, les Anglais ont fait en aval de Philé un barrage énorme. C'est le quatrième depuis le Caire; les deux autres sont à Assiout et à Esné. Il a une demi-lieue de longueur et il a fait monter de 25 mètres le niveau du fleuve. C'est le plus grand réservoir du monde : il renferme, dit-on, plus d'un milliard de mètres cubes d'eau. Par suite de ce gigantesque travail, l'île a été à peu près totalement submergée avec ses temples et ses colonnades ; nous avons vogué par-dessus tous ces chefs-d'œuvre, à travers des rangées de palmiers dont la chevelure éplorée flotte seule sur les vagues, comme celle d'un malheureux enlisé dans les sables mouvants.

De tous les sanctuaires qu'on venait admirer ici, celui d'Isis a été seul épargné, du moins en partie; ses deux pylônes sont séparés l'un de l'autre par les flots, de même que les sanctuaires annexés et le kiosque, ce kiosque merveilleux popularisé par toutes les gravures et où il ne nous a plus été donné d'aborder. Nous sommes restés dans le temple; on peut encore circuler à pied depuis le second pylône jusqu'au saint des saints, mais déjà le clapotis de l'eau retentit au pied des murs et les flots s'infiltrent lentement par en-dessous. Quand on embrasse d'un coup d'œil circulaire tout cet étrange tableau, on se fait l'effet d'un échappé du déluge, qui, du haut d'un abri provisoire, contemple l'abîme où il est destiné à s'engloutir à son tour.

Voilà ce que les exigences de l'industrie moderne ont fait de cette île enchantée, que la nature semblait avoir créée exprès pour réaliser le rève des poètes d'avoir une île à eux. Ils la possédaient ici, et ils n'en ont rien su, hélas! Les archéologues seuls ont connu la beauté de Philé, et ils n'y ont pas été insensibles.

« On n'y arrive pas sans émotion, on ne la quitte pas sans regret, « disait Mariette (1). « C'est un charme, écrivait Ampère, de passer plusieurs jours dans cette île de ruines, allant d'un temple à l'autre sans y rencontrer d'autres habitants que les figures mystérieuses qui couvrent les murs et les tourterelles qui roucoulent sur les toits.... Quelles journées

(1) Mariette, *Voyage de la Haute Égypte*. t. II, p 127.

dans mon souvenir que ces journées de solitude, de travail et de rêverie, dans cette île inhabitée et semée de merveilles! (1).

Hélas! Philé n'est plus, et ce qui en reste est condamné à disparaître. L'an prochain, on rehaussera de sept mètres encore le niveau du Nil, et alors l'île merveilleuse aura disparu entièrement : seules, les cimes du temple où nous venons de débarquer émergeront encore comme émergent aujourd'hui celles des palmiers, pour dire aux hommes futurs qu'ici fut réalisé le Songe d'une nuit d'été. Les traditions qui parlent de villes englouties sous les flots ne racontent pas tous les jours des fables : si la cité d'Is est une légende, la cité d'Isis est une triste réalité.

Rien n'aura sauvé la perle du Nil : ni l'histoire, ni l'art, ni la nature! Devant la loi dérisoire des nécessités économiques, sa sentence était prononcée sans appel. Je ne sais si jamais l'éternel conflit entre l'art et la vie, entre l'idéal et la réalité a trouvé une expression d'une crudité aussi brutale, une

(1) Ampère, *Voyage en Égypte et en Nubie*, p. 469.

solution d'un radicalisme aussi intransigeant. Si Philé n'était pas au bout du monde, il y aurait contre le barrage d'Assouan une levée de boucliers chez tous ceux qui se proclament les amis de la beauté.

Il existe en chacun de nous, au dire de Sainte-Beuve,

Un poète mort jeune à qui l'homme survit.

Ce poète s'est réveillé en moi au spectacle de Philé mise à mort et il a protesté contre la résignation mélancolique du vieillard. Et voici le dialogue qui s'est engagé entre les deux moitiés de mon moi pendant que nous foulions le sol de l'île sainte :

LE POÈTE.

Tu n'as rien à dire devant ce spectacle d'ignominie? Une des merveilles de l'art humain détruite en plein XXe siècle par la bande noire des financiers, et tu te tais !

LE VIEILLARD.

Et quand je parlerais, à quoi bon?... D'ailleurs, je ne sais trop ce qu'il faut penser.

LE POÈTE.

Toi qui, il y aura bientôt cinquante ans, déclarais que tu donnerais tous les chemins de fer du monde pour retrouver les livres perdus de Tacite!...

LE VIEILLARD.

Propos inconsidéré de potache, qui prend la jactance pour de la crânerie!. . Puis, ce n'était pas moi, c'est toi qui parlais ainsi.

LE POÈTE.

Mais enfin, n'es-tu pas indigné?

LE VIEILLARD.

Indigné, non; résigné, oui. S'il s'agit de donner le pain quotidien à plusieurs milliers de mes semblables, je ne me sens pas le courage de crier au vandalisme. Entre une vie humaine et Philé, je ne saurais hésiter.

LE POÈTE.

Le pain de tes semblables! Ah! le bon billet! Les millions que produira la destruction de Philé n'iront pas aux tâcherons que tu plains; ils gorgeront quelques capitalistes, voilà tout! Ah! s'il s'agissait réellement de la misère du pauvre travailleur....

LE VIEILLARD.

Tu es donc d'avis que, dans ce cas, l'art devrait céder devant l'industrie?

LE POÈTE.

Ne me fais rien dire de semblable. Je ne pourrais pas le dire.

LE VIEILLARD.

Mais peut-être le penses-tu?

LE POÈTE.

Tais-toi : regarde alentour et dis si l'on est plus heureux ici depuis que la beauté n'est plus là. Et le jour où le déluge de Philé aura fait gagner à l'industrie cotonnière 15 millions de livres sterling de plus, comme elle s'en flatte, il fera encore plus noir dans l'âme du fellah!

Je ne sais quel incident fortuit vint interrompre ce dialogue, qui était si bien fait pour ne pas aboutir; le fait est que nous nous retrouvâmes dans notre barque et que nous reprîmes la direction de la rive. Nous passâmes, comme à l'arrivée, à travers les panaches de verdure que les palmiers submergés agitaient au-dessus des flots; nous doublâmes un gigantesque rocher de granit qui marquait la cime d'un îlot entièrement descendu sous les eaux, nous eûmes l'impression d'une mer houleuse sur laquelle notre barque errait à la recherche d'un port; enfin nous fûmes rendus au rivage. Il fallut, après avoir mis pied à terre, procéder à la distribution des bakchichs. Le patron et les quatre rameurs tendirent la main avec ensemble; quand ils eurent été satisfaits, le petit bonhomme y alla aussi de sa menotte, toujours avec un imperturbable sérieux, et je compris enfin pourquoi nous l'avions embarqué : cela faisait, pour le patron, six pourboires au lieu de cinq.

Je m'aperçois, ami lecteur, que je ne vous ai rien dit du barrage.

S'il vous intéresse de connaître ses proportions, de savoir ce qu'il a coûté de temps et d'argent et la manière dont il fonctionne, il faudra bien que vous vous adressiez autre part. Le respect même que je porte à l'industrie moderne fait que je me tiens d'elle à distance respectueuse. J'admire d'ailleurs ce qu'elle a fait du Nil. Avec les quatre barrages qu'elle lui a mis sur les épaules au Caire, à Assiout, à Esné et à Philé, elle est devenue la régulatrice de son cours, la rivale de la nature et la collaboratrice du Créateur. Elle renouvelle l'inondation quand elle le juge convenable; elle ouvre ou ferme à son gré les canaux par lesquels les eaux se répandent sur les terres. Le réservoir de Philé, c'est un lac Moeris véritable, que les Pharaons regarderaient avec la stupeur des magiciens d'Égypte, lorsqu'ils virent leurs serpents dévorés par ceux de Moïse.

Cet hommage rendu à l'industrie moderne, j'avouerai que je me sens attiré de préférence par l'ancienne, celle d'il y a six mille ans, qui taillait les obélisques à même la roche. Nous sommes allés visiter le lendemain les carrières qu'elle avait ouvertes dans le désert à proximité d'Assouan. Ces carrières ont fourni à toute l'Égypte le magnifique granit rouge qui abonde dans ses édifices et dans ses œuvres d'art, telles que statues et sarcophages. C'est là que, sous le bâton des gardechiourmes et sous le grand fouet du soleil, comme dirait Dante Alighieri, des milliers d'infortunés arrachés à leur patrie ont peiné sans trêve et sans espoir, maudissant l'existence et soupirant après le néant. Il sort comme un relent de douleur humaine de ces sables fauves imbibés de sueur et de sang pendant des siècles.

Les carrières du désert d'Assouan valaient bien une visite. Quel spectacle que d'y retrouver, déjà mesurés et à moitié équarris à même la roche, les blocs gigantesques qui devaient aller prendre place dans l'architrave des grands temples égyptiens! En voici un sur lequel nous voyons encore la série des encoches pratiquées par les maçons le long d'une ligne de clivage qui le délimite du côté du rocher; dans ces encoches on introduisait des billettes de bois qu'on mouillait ensuite; celles-ci, se dilatant sous l'action de l'humidité, faisaient éclater le bloc qui se détachait sans effort de la masse. Nous n'avons pas vu seulement les roches où cet éclatement était préparé; nous en avons vu où il avait eu lieu. Écartées par leurs sommets, les deux moitiés du bloc, dentelées par les encoches, semblaient une mâchoire difforme qu'ouvrait un bâillement monstrueux.

Plus loin, nous sommes allés contempler un Osiris inachevé qu'on n'avait pas encore détaché du rocher natal. Son buste émerge du sable; le mouvement classique de ses deux bras ramenés sur sa poitrine est indiqué ; le bas de son corps reste à l'état informe. Des barbares lui ont mutilé le nez, comme au Sphinx de Ghizeh, qui, lui aussi, est resté adhérent au sol maternel. A voir ce pauvre dieu camus avec son gauche sourire, on se souvient de ces anciennes conceptions de la mythologie qui faisait des géants les fils de la terre, et on s'attend à voir le colosse se lever et menacer les cieux. Et c'est, je l'assure, un émouvant spectacle qu'offrent ici, dans le désert et sous le grand ciel immaculé, les traces d'une activité immense à laquelle est venu mettre fin le verdict de l'histoire.

Un souvenir me vient : je revois en esprit le sarcophage resté abandonné dans le couloir du Sérapéum de Sakkarah. C'est de part et d'autre, la même vision tragique et sublime :

l'histoire descendant sur une civilisation plusieurs fois millénaire et, sans poser le pied sur le sol, sans prendre la peine de fermer ses grandes ailes, faisant le geste souverain qui suspend à jamais la vie. C'est fini : il n'y aura plus de carrière d'Assouan, plus d'obélisques perçant le ciel bleu de leur pyramidion d'or, plus de sphinx gardant en longues enfilades le seuil des temples sacrés, plus de Ramsès orgueilleux trônant comme des dieux devant les pylônes qui racontent leur gloire. Il n'y aura plus de Pharaons, il n'y aura plus de Thèbes ni de Memphis, il n'y aura plus d'Égypte. Le soufle des âges a passé, et il a balayé quarante siècles de civilisation comme le Khamsin balaie le sable du désert. Restez impassible, si vous pouvez, devant les chantiers qu'elle semble avoir abandonnés seulement la veille, tant ses traces y sont encore palpables et vivantes!...

Les carrières d'Assouan contiennent encore d'autres œuvres inachevées que nous n'avons pas vues. Le vent nous soufflait en face avec une telle violence qu'il devint impossible de continuer notre excursion; la poussière du désert tourbillonnait autour de nous comme un essaim de guêpes, nous harcelant de tous les côtés; nous l'avions dans les yeux, dans la bouche, dans le nez; de guerre lasse, nous regagnâmes le logis.

Je ne dirai pas le nombre des ablutions auxquelles il me fallut procéder pour reprendre quelque figure humaine; après la seconde, l'eau restait noire comme de l'encre et lorsque, une heure après, je m'avisai de consulter ma montre, je m'aperçus que le cadran était tout maculé de sable.

Après cette expédition, nous ne quittâmes plus le logis de la journée. J'y perdis la visite du couvent copte de Saint-Siméon et des tombes situées à l'autre côté du Nil. Un souvenir classique me consola. L'armée d'Alexandre, envoyée vers le sanctuaire d'Ammon, n'avait-elle pas été assaillie par une tempête qui l'empêcha d'atteindre le but de son voyage? Je pouvais bien rendre les armes à la force qui avait vaincu Alexandre.

Nous étions d'ailleurs arrivés au terme de notre itinéraire. Il fallait renoncer, faute de temps, à le prolonger jusqu'en Nubie. Les grandes ruines et les grands souvenirs n'y manquaient pas pourtant. Là-bas, c'est Ibsamboul, avec son temple-grotte et ses colosses prodigieux; c'est Ouadi-Halfa avec ses sanctuaires en ruines, c'est Kartoum où j'aurais voulu saluer la noble mémoire de Gordon, c'est, enfin, le chemin des grands lacs, le chemin de notre Congo. Mais il faut retourner : tout bel itinéraire est incomplet et laisse le voyageur inassouvi. Si le regret de n'avoir pas poussé plus loin ne vous accompagnait au retour, c'est que votre voyage n'aurait pas valu la peine.

Et puis, la Nubie ne nous aurait offert que des copies. Autant que j'en puis juger d'après les planches du recueil de Lepsius, l'art égyptien, transporté sur ce sol étranger, s'y altère et change d'aspect. On y voit encore des pyramides, mais elles sont plus effilées, la proportion entre la largeur de la base et la hauteur n'est plus la même et, par suite, elles ne donnent plus cette impression de solidité et de durée éternelle. Les hiéroglyphes n'y manquent pas, mais ils n'ont plus que la valeur de simples ornements. Pour les grands édifices, à partir d'Ibsamboul, ils revêtent je ne sais quel catactère indou avec propension au grotesque. L'altération graduelle s'observe très distinctement à mesure qu'on s'avance vers le sud : l'art égyptien n'a donné toute sa fleur qu'en Égypte.

Le 12 mars, nous redescendîmes le Nil sur le *Halasou*, pendant que les hôtels d'Assouan, la saison des étrangers finie, se préparaient à fermer pour six mois.

Nous nous arrêtâmes à Kom-Ombos, où nous visitâmes un temple qui a eu une bizarre destinée. Il surgissait paisible au sommet de sa colline et il contemplait de loin le Nil bienfaisant. Mais un jour, il prit fantaisie au fleuve de diriger de son côté une courbe gigantesque qui vint battre le pied de la colline et qui finit par la dévorer : le pylône et les parties avancées du sanctuaire furent emportées, et le reste suivra peut-être un jour.

Le 13, nous faisons escale à Esné, la Latopolis des Grecs, et nous allons visiter le temple de Khnoum, presque entièrement enterré. Il commence seulement à se dégager de son linceul : la couche de sable qui l'entoure est encore assez élevée pour nous permettre d'atteindre de la main les parties supérieures de son pylône, mais il faut descendre quantité de degrés pour arriver dans l'intérieur, déjà en partie déblayé. Nous sommes ici, comme à Dendérah et à Edfou, dans une construction ptolémaïque continuée par les empereurs romains : Commode et même Décius s'y sont fait représenter en costume de Pharaons et en adoration devant les dieux égyptiens. C'est d'ailleurs toujours la même invariable architecture et la même profusion de reliefs représentant éternellement les mêmes scènes d'une accablante monotonie. Nous aurions fini par nous en lasser, si Karnak ne nous eût réservé des spectacles nouveaux.

CHAPITRE XVI.

KARNAK.

Karnak! J'écris ce nom sous l'empire d'un sentiment indéfinissable en rentrant d'une première visite au sanctuaire merveilleux. Jusqu'ici, au cours de mes voyages, j'avais toujours vu les monuments de l'homme répondre à l'idée que je m'en étais faite d'avance : entre mon imagination et la réalité, je constatais une corrélation qui ne laissait pas de me charmer. Dendérah, il est vrai, m'avait réservé une première expérience du contraire, mais ce n'était qu'un avant-goût de ce qui m'attendait ici. Le sanctuaire de Karnak dépasse ce que Dendérah m'avait permis d'imaginer : c'est une vision tellement prodigieuse que je me demande si ce n'est pas un rêve. J'éprouve ici ce qu'éprouvait l'empereur Constance, lorsque, au dire d'Ammien Marcellin, il visita pour la première fois la Ville éternelle : l'admiration le suffoquait, il se croyait dans quelque cité surhumaine. Et son compagnon de voyage, le prince perse Hormisdas, déclarait que ce qui le consolait de la grandeur de Rome, c'était de penser qu'on y mourait comme ailleurs.

Qu'auraient-ils donc dit l'un et l'autre s'ils avaient vu Karnak? Les hommes n'ont jamais rien fait de plus grand : c'est le plus gigantesque ensemble architectural qu'il y ait au monde. La stupeur admirative dans laquelle il vous jette vous enlève pour ainsi dire le moyen de le décrire. De même qu'aucune gravure ne peut reproduire l'aspect d'un monument que l'œil humain est incapable d'embrasser d'un regard, aucune plume, je crois, ne saurait en donner une idée exacte à qui ne l'a vu de ses yeux.

Mais le temple de Karnak n'est pas un temple à vrai dire. C'est un chapelet de temples gigantesques enfilés à la suite l'un de l'autre sans solution de continuité, de manière à ne former qu'un seul tout. Il évoque l'idée d'un monde de rêve et de féerie dans lequel vous êtes transporté aussitôt que vous avez franchi le seuil. L'étonnement augmente à mesure que vous avancez de pylône en pylône, de cour en cour, de salle en salle; vous êtes saisi de plus en plus par l'énorme disproportion qui apparaît à première vue entre cet ensemble colossal et les dimensions ordinaires des choses humaines. Nous autres modernes, nous ne donnons pas une telle place dans le temps et dans l'espace aux œuvres de nos mains. Elle n'ont pas un kilomètre d'étendue, et nous ne mettons pas deux mille ans à les achever. Est-il bien vrai d'ailleurs, que Karnak soit l'œuvre des hommes? Si ces constructions sont réelles, si elles ne sont pas un mirage fantastique qui va se dissiper tout à l'heure, comment se fait-il qu'elles aient ce caractère surhumain, et pourquoi notre civilisation, si supérieure par ses moyens d'action, n'a-t-elle jamais rien produit qui puisse s'égaler à l'habitacle du dieu thébain? Telles sont quelques-unes des pensées tumultueuses qui s'entrechoquent dans votre esprit au premier aspect de ce monument gigantesque.

Puis vous vous recueillez. Vous cherchez à

démêler la nature de vos impressions. Et alors s'impose à vous une constatation un peu déconcertante. Vous ne ressentez pas ici le frémissement de joie dont vous êtes rempli à la vue des poèmes de pierre édifiés par notre Occident chrétien. J'ai versé des larmes devant le portail de Reims et celui d'Amiens m'a transporté dans le ciel. Karnak ne réserve à personne des émotions de ce genre. L'admiration que vous y éprouvez n'a pas le caractère d'une véritable jouissance esthétique. Celle-ci résulte de la satisfaction de l'esprit heureux de trouver réalisé un idéal de beauté, et l'idéal, c'est en vain que vous le chercherez ici. Ou bien, s'il y existe, ce n'est pas le vôtre, celui qui élève, c'est celui qui écrase et qui stupéfie. Vous êtes comme hypnotisé, comme anéanti devant une grandeur démesurée sans atteindre au sublime, et dont l'effarante vision vous remplit d'un vague sentiment de terreur. Il se mêle à l'émotion que vous éprouvez je ne sais quoi de sinistre.

Cette première impression m'est restée pendant tout le temps que j'ai passé dans le temple de Karnak; je l'ai retrouvée chaque fois que j'y suis retourné, et maintenant que j'essaie de faire revivre dans mes souvenirs l'image de ces ruines fabuleuses, c'est elle encore qui vient m'assiéger à la manière d'un cauchemar.

Et je rêve au temps où l'édifice entier était debout, dans sa gloire et avec tous ses épouvantements, quand le dieu l'habitait et le remplissait de sa majesté souveraine. Aujourd'hui, il est dépouillé du mystère qui faisait son prestige : le regard souriant du soleil traverse triomphalement ses recoins les plus obscurs, balayant devant lui les fantômes, jusqu'à l'heure où la lune, ce fantôme de monde, les ramène ici sous la conduite de son fraternel flambeau. Mais alors, combien il était plus effrayant!

Je le vois intact dans sa massive immensité, plein de couloirs sombres, toujours plus menaçant et plus inaccessible à mesure qu'on se rapproche du saint des saints. Ses cours, vastes et magnifiques, sont peuplées de grandes statues dont les yeux immobiles semblent renfermer un monde de pensées pétrifiées. Les murs resplendissent de marbres sur lesquels se détachent des figures qui mettent sous vos yeux, en un nombre fantastique d'exemplaires, l'image du Pharaon et celle de son dieu. Les parois intérieures, revêtues d'or et d'argent, étincellent de pierres précieuses fournies par l'Inde ou par l'Éthiopie. Des rideaux brodés d'or indiquent la porte du sanctuaire qui est l'aboutissement de toutes ces redoutables magnificences. Si vous demandez à voir le dieu qui habite là, le prêtre vous regarde d'un air grave et, après avoir entonné un hymne, soulève un coin du voile mystérieux. Alors le dieu apparaît à vos regards. Et ce dieu, c'est un chat, c'est un crocodile, c'est un serpent ou quelque autre bête qui se vautre sur des tapis opulents, et qui est faite pour une tanière et non pour un temple (1).

Ainsi parle Clément d'Alexandrie, et il ajoute que l'hilarité s'empare du visiteur en voyant à quelles divinités l'Égyptien porte ses hommages. Mais, pourquoi ne l'avouerais-je

(1) Clément d'Alexandrie Pédagogue, III, 2.

pas? Mon imagination, retournant par-delà le temps des pères de l'Église, glace le sourire sur mes lèvres et m'étreint le cœur d'une vague oppression On pouvait rire à partir du jour où le christianisme était venu prononcer les paroles libératrices; on ne riait pas auparavant. Je suis transporté dans ces âges lointains sur lesquels pèse de tout son poids le lourd édifice de la religion pharaonique. Je me joins au cortège de Pharaon venant, accompagné du grand prêtre, faire visite à son père Ammon dans le silence et les ténèbres du saint des saints. A la lueur des flambeaux qui font resplendir de mille feux les parois dorées du *naos*, j'assiste à l'entrevue, je prête l'oreille au dialogue de ces personnages surnaturels, j'entends la voix du dieu, je le vois qui incline la tête avec un geste affirmatif en réponse aux questions de son fils, et qui ouvre ses bras de métal pour l'embrasser. Cette entrevue de dieux, c'est le grand sacrement de la religion égyptienne, et c'est pour l'abriter qu'est bâti le temple

« Ces avenues interminables de sphinx, ces obélisques gigantesques, ces pylônes massifs, ces salles aux cent colonnes, ces chambres mystérieuses où le jour ne pénétrait jamais, tout cela n'avait qu'une raison d'être et qu'un aboutissement final : le temple égyptien tout entier était bâti pour servir de cachette à une poupée articulée, dont un prêtre agitait les fils (1). »

Et voilà ce qui achève l'impression troublante produite par ce milieu sur toute conscience qui cherche à se rendre compte de ce qu'elle y éprouve. Vous êtes ici au centre du paganisme, dans le plus gigantesque de ses sanctuaires. Vous avez à peine besoin d'un effort d'imagination pour revoir, dans les ténèbres du saint des saints, les dieux incliner la tête en guise d'assentiment, étendre les bras pour recevoir des offrandes, ouvrir ou fermer les yeux selon le degré de faveur avec lequel ils accueillent les hommages de leurs fidèles. Vous vous souvenez involontairement du livre de Daniel et des grossières impostures des prêtres de Baal démasquées par l'enfant hébreu. Un malaise vous vient

(1) Maspero, Archéologie égyptienne, p. 107.

à la pensée que ces murs, que ces salles par lesquelles vous déambulez paisiblement, ont été des milliers de fois témoins des mêmes jongleries, et le contraste entre la splendeur du monument et l'abjection du culte vous saisit. Pour moi, je me rappelais le *Prophète Voilé du Khorassan*, ce Mahdi qui cachait à son peuple de fanatiques, sous un voile religieusement respecté, un visage épouvantable, rongé par un chancre hideux, à peine aussi horrible, toutefois, que son âme dévorée par la haine du genre humain. Dire qu'on adorait ces dieux ! Dire que des milliers d'êtres doués de conscience et de raison ont tremblé, pleuré, prié devant ces fantoches bourrés d'étoupe et remplis de toiles d'araignées! Dire que la conscience religieuse de la société la plus civilisée du monde s'est accommodée des oracles qui sortaient de ces antres maudits!... Ah! les humbles tabernacles de village où le Dieu caché dans l'Eucharistie fait ses délices d'habiter parmi les enfants des hommes, sans autre garde du corps que la lampe qui brûle nuit et jour devant son autel! *Altaria tua, Domine virtutum!...*

Décrirai-je le temple de Karnak, et le pourrai-je si je l'entreprends? Non : j'y renonce; il faudrait l'avoir mieux vu, il faudrait le connaître davantage. Je me bornerai à dire l'impression qu'il m'a faite, et je ne décrirai que dans la mesure qu'il faut pour justifier cette impression.

Avant toute chose, qu'on se figure une vaste enceinte carrée aujourd'hui détruite, parfaitement orientée et ayant environ 1800 mètres de côté, qui renfermait le grand temple d'Ammon avec plusieurs autres sanctuaires et un lac sacré. Chaque côté de cette enceinte était percé d'une porte qui en occupait le milieu, sauf le côté sud qui avait deux portes s'ouvrant sur deux avenues parallèles dont l'une aboutissait au grand temple de Louxor, l'autre à un temple de Mout, femme d'Ammon. Chacune de ces avenues était garnie, sur ses deux côtés, de statues colossales de béliers au repos sur des socles gigantesques : il y en avait un tous les quatre mètres, et une seule avenue en alignait mille, dont un bon nombre subsiste encore. Qu'on se figure en outre une troisième avenue de béliers en partie conservée, partant de la porte ouverte sur le côté occidental et se dirigeant vers le Nil. Et l'on aura une idée vague de la grandiose enceinte dans laquelle se développait le temple d'Ammon. Elle formait littéralement une ville à part, mais une ville qui n'avait d'autre habitant que le dieu et sa famille, au sein de la vaste capitale de l'empire égyptien.

Et cette ville sainte est flanquée elle-même de deux autres villes : l'une, au sud, est consacrée à la déesse Mout, l'autre, au nord, au dieu Mont : chacune reproduit, dans des proportions moindres mais toujours colossales, le type de l'enceinte ammonienne. C'est dire que chacune a son temple principal, flanqué de plusieurs sanctuaires accessoires, y compris un lac sacré. Et ces trois villes divines sont rattachées par les avenues que je viens de dire à une quatrième, qui est celle du temple de Louxor. A elles seules, elles occupaient la meilleure partie de la vallée de Thèbes, et on peut se demander ce qu'elles laissaient d'espace aux maisons des habitants.

Mais je reviens au temple d'Ammon.

Il s'étendait en longueur du côté est au côté ouest de l'enceinte carrée, de manière à les rejoindre presque l'un à l'autre par la masse de ses constructions. Celles-ci forment un immense rectangle d'environ 600 mètres de long sur 115 de large : dimensions formidables qui n'ont leurs égales dans aucune œuvre humaine. Il faut y accéder du Nil en partant de l'obélisque de Séti I et en suivant l'avenue de béliers qui, perpendiculaire au fleuve, vient aboutir au seuil du premier pylône. Vous refaites alors, en sens inverse, le chemin suivi par les vingt siècles qui se sont fatigués à l'édification du sanctuaire prodigieux.

Voici, en effet, comment ont procédé les Pharaons et les Ptolémées qui ont voulu attacher leur nom à la construction du temple de Karnak. Chacun d'eux a placé un temple nouveau ou du moins un nouveau pylône devant l'œuvre de son prédécesseur, mais en le rattachant à l'édifice ancien de manière à ne faire avec lui qu'un seul tout. De la sorte, les constructions les plus récentes sont toujours extérieures aux plus anciennes, et en y entrant, c'est le cours des âges que vous remontez.

Suivre un itinéraire opposé serait plus scientifique : on partirait du temple d'Amenemhait, qui est de la XIIe dynastie, puis on traverserait successivement, dans leur ordre chronologique, tous les sanctuaires qui ont été ajoutés à l'édifice primitif. Mais ce procédé exigerait un temps dont nous ne disposons pas, avec des connaissances archéologiques qui nous font défaut; l'autre est, d'ailleurs, bien plus riche en émotions esthétiques, et c'est celui que nous suivrons.

Donc, nous voilà, pour commencer, devant le gigantesque pylône érigé par les Ptolémées. Il ne fut jamais achevé et il est aujourd'hui à moitié ruiné, mais il garde une grandeur imposante; ses murailles ont 43 mètres de hauteur sur 15 d'épaisseur. Il donne accès à une première cour, qui est elle-même tout un monde, puisque, dans sa vaste enceinte de 103 mètres sur 84, garnie de portiques à droite et à gauche, vous ne trouvez pas moins de deux grands temples et les ruines d'un troisième. Le premier, au côté nord, est celui de Séti II, avec son triple sanctuaire dédié à la triade thébaine : Ammon, Mout et leur fils Khons. Le second, au fond à gauche, est perpendiculaire au mur méridional, dans lequel il est engagé, et ne donne dans la cour que par sa façade : c'est le temple de Ramsès III, équivalant lui-même à toute une cathédrale avec son pylône orné de scènes classiques de victoires, son magnifique vestibule flanqué de portiques, sa double rangée d'Osiris gigantesques et sa salle hypostyle, au-delà de laquelle est le saint des saints.

Au centre de la cour, enfin, surgissent les débris d'un kiosque élevé par le Pharaon éthiopien Taharqua (XXVe dynastie) : ils sont précédés de deux socles qui devaient porter des statues; le plus beau fragment de cet édifice aujourd'hui détruit, c'est une colonne haute de vingt-et-un mètres surmontée d'un chapiteau campaniforme d'une rare beauté. Rien n'égale la mélancolie de cette fleur de pierre qui se dresse au milieu des ruines comme un trophée érigé par le temps leur vainqueur. Elle évoque un monde infini de rêves et de souvenirs et elle réalise la vision du poète qui a écrit la *Malédiction du barde* : « Seule, une haute colonne restée debout témoigne d'une splendeur à jamais disparue : mais elle est fendue et peut s'écrouler d'une nuit à l'autre (1). »

Telle est la première cour. Je doute qu'il y ait au monde beaucoup d'endroits aussi évocateurs que cette immense et magnifique enceinte, gigantesque musée en plein air, où se sont donné rendez-vous tous les spécimens de l'art égyptien et tous les documents de l'histoire d'Égypte : temples, kiosques, portiques, statues colossales, reliefs, inscriptions, récits et tableaux de victoires.

Et tout se trouve dans l'ordre où l'avait laissé la vie : on dirait que l'esprit de l'antique civilisation qui habitait ces demeures vénérables ne les a quittées que pour un temps, et qu'il va en reprendre possession tout à l'heure. J'éprouve cette impression

---

(1) Nur eine hohe Säule zeigt von verschwundner Pracht;
Auch diese schon geborsten kann stürzen über Nacht.
Uhland, *Des Sängers Fluch*.

avec une vivacité extraordinaire dans le solennel pourpris du temple de Ramsès III, où les gigantesques Osiris, aux bras croisés sur la poitrine, contemplent d'un regard placide le petit garçon de M. Georges Legrain, qui, sous la surveillance de sa bonne, fait rouler sa balle dans la nef de leur temple, pendant qu'aux cris de joie de l'enfant font écho les piaillements des passereaux voletant de colonne en colonne. Je ne sais si le petit garçon, plus heureux que le cultivateur de Virgile, a conscience de son bonheur; dans ce cas, il doit se dire que la Providence a bien fait les choses, en permettant qu'on bâtit pour ses ébats une salle aussi vaste et aussi solitaire que le temple de Ramsès III.

Il faut cependant nous arracher à la contemplation de la grande cour, si nous voulons arriver avant la fin de la journée jusqu'à l'extrémité du temple. Nous dépassons donc le kiosque de Taharqua et nous nous trouvons devant un vestibule gardé jadis par deux statues colossales de Ramsès, dont une est restée debout. Ce vestibule précède le second pylône, élevé par Ramsès I, mais où son homonyme, deuxième du nom, a, selon son habitude, inscrit ses propres victoires et sacrifices. Le pylône franchi, vous êtes dans la salle hypostyle, qui est la merveille de ce temple merveilleux.

Pour le coup, il faut renoncer à toute description : elle serait impuissante à donner une idée de cette forêt pétrifié dont les arbres géants s'élancent vers le ciel, tandis que d'autres, qui semblent morts de vieillesse, gisent encore sur le sol en attendant les soins savants qui les rappelleront à la vie. On pourrait mettre tout Notre-Dame de Paris dans la salle hypostyle. Elle contient 134 colonnes réparties en 16 rangées qui forment autant de nefs. Les trois nefs centrales sont plus élevées que les autres; leurs colonnes, de vingt et un mètres de hauteur chacune, ont le volume de la colonne Trajane de Rome; elles atteignaient un niveau supérieur à celui du reste de la salle et prenaient le jour par des claires-voies de marbre reposant sur les colonnes des nefs latérales. Une de ces claires-voies existe encore et vous permet de vous figurer la manière dont cette salle sans pareille était éclairée. Les colonnes des nefs latérales ont treize mètres de hauteur et huit mètres de circonférence; malgré les brèches faites de toutes parts au toit et aux parois de l'édifice, elles sont si massives et si serrées qu'elles maintiennent encore dans la salle un demi-jour plein d'un charme mystérieux.

Ému de ce nouveau spectacle de grandeur et de magnificence, je circule de colonne en colonne, j'adresse la parole aux Pharaons qui gesticulent sur chacune d'elle, j'essaie de me replacer en esprit dans le monde qui a créé cette œuvre inouïe. Ici encore, comme dans la grande cour, c'est une journée qu'il faudrait pour voir, pour comprendre, pour s'imprégner. Une journée, et j'ai un quart d'heure!

Je sors enfin, à contre-cœur et comme fasciné; je franchis un troisième pylône détruit, édifié par Amenhotep III, et je suis dans la cour centrale. Ici vivent les souvenirs de Thoutmosis I. Quatre obélisques de vingt-trois mètres de hauteur y rappelaient son nom et ses exploits, mais trois ont disparu, et un seul se dresse encore. Le temple commençait ici au temps du grand conquérant, et la cour centrale où nous sommes formait la première cour du sanctuaire.

L'œuvre de Thoutmosis ne m'arrête pas longtemps; je franchis en hâte un quatrième pylône et me voilà dans un portique où se dressaient les deux obélisques de la reine Hatasou C'étaient les plus hauts de l'Égypte (30 mètres), ils étaient tout dorés et surmontés de pyramidions d'or qu'on voyait des deux rives du fleuve « éclairant le monde comme le disque solaire. » Selon l'habitude, on les avait taillés à même la roche dans les carrières d'Assouan, puis on les avait placés dans un grand chaland où ils se touchaient bout à bout par la base, et que remorquaient sur le Nil trois rangs de canots contenant environ un millier d'hommes d'équipage. Enfin, on les avait dressés ici sous les auspices de l'architecte Senmout, qui a tenu à nous conserver son nom. Et pourquoi pas? A Paris, en l'an de grâce 1835, on a bien représenté sur le socle de l'obélisque de Louxor toute la machinerie employée pour le dresser; les Égyptiens d'il y a trois mille ans, qui se livraient tous les jours à pareil travail, ont sans doute considéré qu'il n'avait pas assez d'importance pour être raconté à la postérité.

Des deux obélisques de Hatasou, il n'en reste plus qu'un seul : comme celui de Louxor, il pleure son jumeau; l'or de son revêtement a disparu, mais ses hiéroglyphes demeurent et parlent encore aujourd'hui le prestigieux langage que leur a prêté pour des siècles la grande souveraine :

« Voici ce que j'enseigne aux mortels qui » viendront au cours des siècles, et qui pous- » seront des cris d'étonnement à la vue de ce » monument élevé par moi à mon père. » Pendant que j'étais assise dans mon palais » et me rappelais celui qui m'a créée, mon » cœur m'a imposé de lui édifier deux obé- » lisques de vermeil dont la pointe percerait » le firmament, dans le portique auguste qui » se trouve entre les deux grands pylônes du » roi Thoutmosis I. Et mon cœur m'entraîne » à adresser ces paroles aux humains qui » verront ce monument après bien des années » et qui causeront de mes hauts faits. Ne dites » pas : « Je ne sais pas comment on a réalisé » le rêve de modeler toute une montagne en

» or. » Ces deux obélisques, Ma Majesté » les a fabriqués pour mon père Ammon, » afin que mon nom dure et subsiste en ce » temple à jamais! »

Quel langage! Quand vous pensez que ces choses ont été écrites il y a 3600 ans, et qu'il nous est donné de les lire là sur la pierre, telles qu'elles furent gravées sous les yeux de la reine qui les dicta, vous éprouvez de nouveau cette impression indéfinissable que la contemplation des monuments égyptiens fait plus d'une fois entrer dans le cerveau du touriste : il vous semble entendre, au pied de cette aiguille de marbre, le bruit que fait le vol des siècles passant à tire-d'aile au-dessus de votre tête dans ces ruines sans pareilles. Ils ont fui, et l'obélisque est resté....

J'aurais voulu m'éterniser dans la cour de Hatasou comme dans la salle hypostyle, mais il fallait continuer cet itinéraire unique : je franchis donc le cinquième pylône et je pénètre parmi les ruines qui restent de la seconde cour de Thoutmosis I. Je la traverse et je suis devant le sixième pylône, aux murs ruinés duquel sont représentées les victoires de Thoutmosis III, si souvent copiées par le grand plagiaire Ramsès II.

De là, je pénètre dans une série de cours et de salles de diverses dates, formant le temple primitif, et dont les parties les plus anciennes remontent à la XIIe dynastie. L'une de ces salles présente un intérêt particulier d'histoire et de poésie; c'est la salle des annales.

La salle des annales! Quel nom, et quels souvenirs y étaient consignés! Voilà le mur qui racontait les triomphes de Thoutmosis III : sa guerre de Syrie, sa victoire de Mageddo, sur le patron de laquelle Ramsès II a taillé sa victoire de Kadesch. Il ne me paraît pas douteux que le poème de Pentaour, qui raconte cette dernière victoire, se soit inspiré du récit que l'auteur pouvait lire tous les jours sur ce mur glorieux. Prêtons l'oreille à une partie de ce qu'il raconte :

Le roi, arrivé en Syrie, rassemble son conseil de guerre. Deux routes sont proposées pour joindre l'ennemi : l'une directe, mais périlleuse, l'autre détournée, mais plus sûre. Le roi n'hésite pas : « Allez où vous voudrez, moi, c'est par ici que j'irai à la victoire. » Et il fait comme il a dit. Voilà un grandiose morceau d'épopée. Charlemagne n'est pas plus superbe au siège de Narbonne que Pharaon gourmandant la lâcheté de ses généraux au moment d'aborder l'ennemi.

Une si fière attitude est récompensée par la victoire. Le dieu Ammon lui-même a tenu à venir en aide à un fils dont il peut s'enorgueillir; entendez-le parler :

« Je suis venu, je t'ai accordé de frapper les princes de Tsahi, je les ai jetés sous tes pieds à travers leurs contrées Je leur ai fait voir ta majesté, telle qu'un seigneur de lumière, éclairant leurs faces comme mon image.

» Je suis venu, je t'ai accordé de frapper les peuples asiatiques; tu as réduit en captivité les chefs des Routennou. Je leur ai fait voir ta majesté, revêtue de ses ornements; tu saisissais tes armes et tu combattais sur ton char.

» Je suis venu, je t'ai accordé de frapper la terre d'Orient : Kefta et Asebi sont sous la terreur. Je leur ai fait voir ta majesté, telle qu'un jeune taureau au cœur ferme, aux cornes aiguës, auquel on ne peut résister.

» Je suis venu, je t'ai accordé de frapper ceux qui résident dans leurs ports....

» Je suis venu, je t'ai accordé de frapper ceux qui résident dans les îles ...

» Je suis venu.... »

Et le dieu continue cette énumération pompeuse (1).

Mais nous voici devant le saint des saints, flanqué, comme à l'ordinaire, de chambres servant aux usages liturgiques. Cette fois, il pourrait sembler que nous sommes au bout. Eh bien, non! Au-delà du saint des saints, vous entrez dans une nouvelle série de constructions; voilà une seconde salle hypostyle, communément appelée la salle des fêtes ou le promenoir de Thoutmosis III. C'est une

(1) Comme l'appréciation de ces vieilles choses est souvent difficile! Lenormant trouve ici le style biblique et un langage d'une admirable poésie: Erman, au contraire, estime que le morceau est prosaïque. Mon opinion tient le milieu entre celle de ces deux savants. On ne peut nier l'allure grandiose du morceau et le mouvement dramatique de la phrase, mais il faut bien avouer la sécheresse et la monotonie de l'ensemble. Si j'avais reproduit le tout, le lecteur aurait eu le temps de se lasser.

œuvre magnifique, même pour qui sort de la première salle hypostyle; elle l'emporte d'ailleurs sur celle-ci par le prestige de l'antiquité. Elle est suivie d'un nouveau saint des saints, autour duquel, selon la coutume, se groupe la couronne des chapelles et chambres latérales. L'une d'elles m'arrête de nouveau dans une longue contemplation.

C'est là-bas, au côté nord-ouest, celle qui reposait sur une seule colonne; on l'appelait la salle des ancêtres. Ici se trouvait la célèbre table des rois, qui, comme celle d'Abotou, contenait la liste officielle de soixante Pharaons antérieurs à la XVIIIe dynastie. Elle n'y est plus : Prisse d'Avennes l'a emportée en 1843 au péril de sa vie et elle est aujourd'hui en lieu sûr, au Musée du Louvre. Mais combien il faut regretter qu'un tel monument soit arraché à son cadre historique, où il apparaissait revêtu d'une majesté presque surhumaine! Bien plus que l'obélisque de Louxor, la Table de Karnak doit avoir la nostalgie du soleil d'Égypte et du mur aujourd'hui écorché dont elle était la voix retentissante. Comment ne pas se figurer que ce sanctuaire était un être vivant, puisque tous ses murs parlaient et racontaient par l'image et par l'écriture la gloire des souverains de l'Égypte?

Ici s'arrête mon exploration du temple d'Ammon. Suis-je arrivé au bout du monument sans pareil? Je ne sais, car je vois, au-delà des ruines du mur d'enceinte, d'autres ruines que mon plan appelle Salle de Ramsès II, mais il me semble que c'en est fait de ma force d'attention. Assis à l'ombre d'un pan de mur, sur un massif bloc de marbre, j'essaie de me recueillir et de ramasser dans la chambre obscure de mon esprit l'immensité du monde architectural que je viens de traverser.

Et pourtant, je n'ai encore vu qu'une partie de tant de merveilles, car au temple d'Ammon se rattache étroitement celui de Mout sa femme, et le mariage de ces deux sanctuaires presque égaux en grandeur et en majesté n'est pas le moindre prodige de cet ensemble inouï.

Rentrons, pour nous en donner le spectacle, dans la cour centrale. De là se détache une nouvelle série de constructions qui s'embranche perpendiculairement sur le flanc méridional du temple d'Ammon. Nous y pénétrons par une cour aux murs de laquelle se lisent les fastueuses et mensongères inscriptions de Menephtah, le Pharaon de l'Exode. Cette cour aboutit à un septième pylône, après lequel vient une nouvelle cour, puis un huitième pylône, puis une troisième cour, puis un neuvième pylône, puis une quatrième cour. puis un dixième pylône. Avec celui-ci, nous atteignons le côté méridional de la grande enceinte carrée, dont il est la porte. Après l'avoir franchie, vous êtes sorti du domaine d'Ammon, et vous vous trouvez dans celui de sa femme.

Le dixième pylône, en effet, ouvre sur la vaste avenue des béliers orientaux qui va, à 1500 mètres plus loin, se rattacher aux ruines du grand sanctuaire de Mout. Rien de fantastique comme cette allée monumentale flanquée de figures mutilées qui se développe, à travers des décombres, des fondrières et des végétations folles, jusqu'au temple de la déesse. Celui-ci, œuvre d'Amenhotep III, est fort ruiné; il a quelque chose de plus archaïque et de plus païen encore que le sanctuaire d'Ammon : les images que vous rencontrez ici, ce sont celles de Bès, l'ignoble et hideux Thersite du Panthéon égyptien, avec des multitudes de statues de la cruelle déesse Sekhmet. Quel milieu pour un poète qui voudrait évoquer les effarements, les angoisses, les cauchemars qui habitaient ce sanctuaire sans pitié! Un lac sacré, en forme de fer à cheval, se développe derrière le temple dont il entoure trois côtés. Il règne une solitude inquiétante au milieu de ces ruines farouches, plus tragiques que celles du temple d'Ammon. La destruction est arrivée ici à une phase plus avancée, celle où la beauté fait place, pour le monument, à quelque chose qui n'a plus de nom; les pierres montrent un visage de camarde et semblent vous regarder avec haine.

A l'ouest de l'enceinte, on voit les ruines d'un autre temple bâti par Ramsès III en l'honneur de je ne sais quel dieu. Je n'ai fait en quelque sorte qu'effleurer des yeux ces endroits redoutables, qui doivent être particulièrement hantés aux heures des terreurs.

nocturnes; ils m'ont fait souvenir des malédictions des prophètes, réservant aux araignées, aux chouettes et aux chacals les temples des idoles et les demeures de leurs adorateurs.

Mais voilà que je me suis laissé attirer hors de l'enceinte ammonienne avant d'avoir donné une idée de tout ce qu'elle contient. J'y rentre pour contempler, à l'angle sud-ouest, le temple de Khons, rattaché à celui de Louxor par l'avenue des béliers occidentaux. Khons était un dieu puissant au dire de ses prêtres : il suffisait d'envoyer sa statue à Babylone pour qu'elle y exorcisât une princesse égyptienne mariée au roi de cette ville! Son sanctuaire, qui à lui seul vaudrait le voyage de Thèbes, ne m'a guère retenu; ma puissance d'admiration fléchissait sous le poids de tant de merveilles. Mais comme il me reste des jambes, je gagne, du côté du nord, les ruines du temple de Phtah. Le grand dieu de Memphis était, à Thèbes, l'hôte d'Ammon, comme celui-ci l'était probablement de Phtah à Memphis. Le saint des saints était flanqué de deux chapelles dont l'une contient la statue de Sekhmet, la déesse à tête de lionne.

C'est une déesse cruelle qui a soif de sang humain; de cet antre obscur où vous la voyez tapie pendant le jour, elle sort la nuit et elle rôde aux environs pour dévorer tout ce qu'elle rencontre : les fellahs ont grand peur d'elle et ils racontent à son sujet toutes sortes d'histoires terrifiantes.

Enfin, deux temples d'Osiris, l'un au coin nord-est, l'autre au coin sud-ouest de l'enceinte, voilà, sans parler du lac sacré, ce qui existe dans le pourpris ammonien. Je n'ose pas détailler ce que contiennent les cités de Mout et de Mont : je les ai vues d'une manière si rapide que je craindrais de devoir copier les indications de mes livres pour avoir l'air de parler d'après des souvenirs personnels, et le seul mérite de mes notes consiste dans l'absolue sincérité d'impressions reçues sur place.

Mais comment, encore une fois, décrire toutes ces merveilles, toute cette prodigalité de sanctuaires, toute cette armée de colosses, toute cette débauche de colonnes, d'obélisques, de reliefs, et toutes ces ruines qui jonchent le sol, et tous ces pathétiques débris de statues que vous foulez aux pieds? Pensez qu'il n'y a ici aucune surface qui soit nue, aucune pierre qui soit muette; que tous ces murs sont habités, si je puis ainsi parler, par un peuple entier de dieux et de rois, de vainqueurs et de vaincus, dont le va-et-vient incessant ne laisse pas un instant de repos à la pierre; toutes ces figures parlent, s'animent, racontent, adorent les dieux ou glorifient les rois, et leur gesticulation éperdue pourrait, à la longue, vous faire tourner la tête. Il y a d'ailleurs un certain ordre dans les sujets de ces innombrables tableaux. Aux murs extérieurs, ce sont, comme toujours, les triomphes du Pharaon, c'est l'éternelle bataille de Quadesch, c'est le poème de Pentaour qui la chante, ce sont les triomphes de Sheshonk, le Sésac de la Bible, lorsqu'il vint, la cinquième année du règne de Roboam, avec douze mille chars et 60,000 hommes, piller le temple de Jérusalem. Regardez ces figures d'Hébreux vaincus : comme, à trois mille ans de distance, vous reconnaissez le type caractéristique des enfants d'Israël! Voyez ce défilé innombrable de captifs qui passent, les coudes immiséricordieusement liés sur le dos : ils représentent les villes palestiniennes conquises par le vainqueur. Des inscriptions nous apprennent leurs noms; elles sont mensongères et enflées comme tous ces documents de provenance officielle, où les Pharaons se sont faits les complaisants hérauts de leur propre gloire.

A l'intérieur, les reliefs nous montrent de préférence des scènes liturgiques. Ce sont les rois en adoration devant les dieux, les sacrifices, les processions, les tête-à-tête de Pharaon avec son père. Dans les cours, vous rencontrez partout les rois fondateurs et gardiens du temple : ils sont là, colosses de pierre au sourire hiératique, les uns avec les mains sur les genoux, les autres avançant une jambe et serrant dans leur poing fermé le signe de vie. Si l'on avait pu garder ici et laisser en place tous les trésors qu'on y a trouvés, Karnak serait la plus grande merveille du monde. Il est vrai que, même dans son état actuel, le temple de Karnak n'a pas de rival.

Et si les ruines sont encore tellement vivantes après tous les écroulements de royaumes et de civilisations auxquels elles ont assisté, qu'était-ce donc aux jours de la prospérité, quand l'Égypte entière, à la suite de ses rois, rivalisait pour orner et embellir ce temple unique au monde? Mettre ici, à tout le moins, une stèle qui conservait votre souvenir et vous faisait le protégé du sanctuaire, c'était le rêve de tout Égyptien : « ma mémoire, disait Sinouhit, est dans le temple de tous les dieux. » Aussi le nombre des stèles, des statues et des *ex-voto* de tout genre s'élevait-il à un chiffre fantastique. Tout ce prodigieux ensemble d'archives de pierre reparaît au jour depuis un petit nombre d'années ; M. Georges Legrain a exhumé jusqu'à 17,000 statues et il est loin, sans doute, d'être au bout de ses découvertes.

Tant de richesses avaient fini par encombrer le temple malgré l'immensité de ses proportions. Sous les Ptolémées, on en était arrivé à ne plus savoir qu'en faire. Et alors on s'avisa d'un moyen héroïque. On creusa de grands trous et on y jeta pêle-mêle tout ce peuple de statues. Les archéologues les retrouvent aujourd'hui en fouillant la terre, tout comme, dans les fondements des murailles de nos villes occidentales, on retrouve les débris des monuments de tout genre qu'on y jeta au IIIe siècle de notre ère, après que les barbares les eurent détruits. Cette manière de liquider un passé millénaire est certainement révoltante; je dois avouer toutefois que, si je suis choqué du procédé, je suis plus frappé de la cause qui l'a rendu inévitable. Voilà donc ce que deviendrait la civilisation, si de temps en temps ne passait sur elle le cyclone d'une grande crise! Elle en serait réduite à détruire elle-même ses richesses, comme une armée en retraite brûle les bagages qu'elle ne peut emporter Souvenirs qui vous croyiez impérissables, *ex-voto* de l'amour et de la piété, inscriptions qui garantissiez l'immortalité aux hommes, trésors qui rassembliez dans un même sanctuaire l'âme de vingt siècles écoulés, vous n'êtes plus, à un certain moment de l'histoire, que des encombrements et votre place est dans le trou! Vous qui rêvez la gloire comme la suprême récompense de votre labeur, voici la plus lugubre de toutes les vérités qu'il vous faut reconnaître : il viendra un jour où la postérité se chargera elle-même de supprimer votre œuvre et votre nom, pour alléger le fardeau de l'héritage qu'elle emporte à travers les siècles.

Et ce sera la mort éternelle, à moins que la piété d'une génération lointaine ne vienne fouiller les ruines et, aidée par le hasard, exhumer votre mémoire! Mais cela ne se fait que dans les ruines augustes, comme le sont celles-ci. A Karnak, la puissance de résurrection de l'histoire est presque aussi grande que la puissance de destruction du temps. Les heureuses recherches de M. Georges Legrain nous ont restitué un patrimoine d'une valeur artistique et poétique inestimable. Carrière enviable entre toutes que celle de ce savant! Installé depuis des années au milieu des ruines, à la tête d'une escouade d'ouvriers qui réalisent jour par jour son rêve, roi de cette solitude merveilleuse qui se remplit, à sa voix, d'un peuple de ressuscités, M. Legrain est peut-être, comme archéologue, l'homme le plus heureux de France et de Navarre. Qu'il trouve ici le bon souvenir des quelques heures pendant lesquelles il a bien voulu me faire les honneurs de son royaume enchanté.

J'ai fait en tout quatre visites à Karnak. Combien je sais mauvais gré à MM. Cook and Son de m'avoir abrégé ce séjour! Les heures que j'y ai passées ainsi qu'à Louxor ont été de tout point les meilleures de mon voyage : je ne rêverais rien de plus exquis, dans ce soir de mon existence, que de recommencer une carrière scientifique comme explorateur de Karnak. Jeunes docteurs qui viendrez compléter vos études ici, au lieu de l'éternel voyage de Paris et de Berlin, dites-vous bien que je vous envie, et que de bonnes fées se sont penchées sur votre berceau!

Il est des souvenirs de Karnak qu'un touriste qui se respecte doit rapporter chez lui, comme on rapporte de Suisse des alpenstoks, ou de Grèce des statuettes de Tanagra. Le premier, c'est un coucher de soleil contemplé du haut du grand pylône. J'ai voulu voir cela, je l'ai vu, et je ne puis pas nier que ce soit inoubliable. Vous avez beau vous être cuirassé contre les suggestions de votre Baedeker et décider de ne pas admirer sur commande : vous êtes subjugué par la majesté de cet horizon thébain tout peuplé de grandes choses, sur lequel, dans un ciel féerique, descend la gloire du soleil. Le Nil, les palmiers, le désert, les ruines, tout semble frémir dans l'incandescence de cette heure sacrée : on eût dit que la terre d'Égypte avait fait le pari de dompter le barbare septentrional que je suis, et de m'arracher malgré moi un cri d'admiration. O Mizraïm, le voilà !

Le second souvenir qu'il faut rapporter de Karnak, — toujours si l'on a quelque peu d'égard pour sa réputation de touriste, — c'est celui d'une visite des ruines au clair de lune. Au risque de me diminuer dans la considération des gens, je dois avouer que je me suis contenté du clair de lune des Pyramides. L'idée de voir profaner comme à Ghizeh ces trois choses sacrées : la nuit, la solitude et le silence, me faisait horreur. Et je décidai de ne pas me joindre à la bande qui devait, selon le programme de MM. Cook and Son, s'abattre comme un vol de sauterelles sur la poésie et sur l'histoire.

J'eus tort toutefois. Contrairement à mon attente, les touristes étaient peu nombreux et ils n'avaient pas organisé de descente de lieux. J'aurais donc pu, si j'avais disposé de vingt-quatre heures de plus, passer une nuit dans les ruines de Karnak. Et rien que ces seuls mots me font encore battre le cœur à l'instant où j'écris. Se figure-t-on bien ce qu'aurait été une soirée pareille? Je suis le familier des ruines historiques; il en est que j'ai visitées aux heures les plus solennelles de la nuit, et je puis dire qu'il n'y a guère d'émotion au monde comparable à celle d'errer sous le regard de la lune à travers ces régions du silence peuplées de fantômes. L'horreur sublime de ce tête-à-tête avec le temps et l'éternité décuple l'intensité de la vie : il n'en connaît pas toute la saveur, celui qui n'a pas au moins une fois passé par là. Et quand ces ruines s'appellent Karnak et que cette lune est la lune d'Égypte, je crois qu'il ne peut rien s'ajouter à la magie de l'heure unique.

Ma bonne étoile me réservait une compensation. Je ne sais si les émotions de la nuit auraient eu un charme plus intense que celui de l'heure matinale dont il m'a été donné de jouir dans les ruines, le jour même de mon départ. J'étais venu leur faire mes adieux, et je m'y trouvai le premier de la journée. A part un gardien indolent qui rôdait de ci de là sans faire attention à moi, il n'y avait pas une âme dans l'immense enceinte : j'étais seul avec le soleil, les pierres et les passereaux. Comment oublier cette heure, et comment la décrire ? Le calme et la douceur de l'air, la sérénité du ciel, la majesté du milieu, la mélancolie des souvenirs tempérée par la gaîté du matin, la pensée d'être le seul spectateur de cette scène incomparable que je ne devais jamais revoir, tout cela faisait un ensemble d'une étrange et merveilleuse beauté. Si j'essaie d'en analyser le charme, j'y retrouve d'abord le mélange en apparence contradictoire de deux sentiments : la félicité de respirer sous un tel azur, et l'angoisse qui étreignait le cœur en présence de telles ruines. Mais ces deux impressions venaient se noyer au seuil de mon esprit dans le courant impétueux d'une pensée qui avait conscience d'être éternelle, et qui jouissait avec ivresse de sa supériorité sur toute la création. Affermi sur cette triomphante certitude, je voyais, avec une indicible volupté, défiler devant moi les séductions de la nature et les fantasmagories du passé ; j'oubliais que j'étais moi-même un vieillard destiné à disparaître avant elles, et je sentais couler goutte à goutte l'une des heures les plus délicieuses que j'aie vécues sur terre.

CHATITRE XVII.

LA RIVE GAUCHE DE THÈBES.

Louxor et Karnak formaient le centre de la grande ville que, depuis Homère, nous connaissons sous le nom de Thèbes aux cent portes. Elle s'étendait sur la rive droite du Nil et elle avait ses tombeaux sur la rive gauche. Mais, comme la ville n'avait cessé de grandir, elle avait fini par déborder sur cette rive et par y projeter de vastes faubourgs. Et, de même que, dans nos villes modernes, les rues qui mènent aux cimetières sont occupées par des fabricants de monuments funéraires, de même, à Thèbes, le quartier voisin des tombeaux était habité par une population spéciale qui faisait profession de vivre de la mort. L'embaumement était un travail compliqué réclamant diverses catégories d'ouvriers, qui avaient élu domicile sur le théâtre de leurs opérations quotidiennes. Il en était de même du nombreux personnel employé à transporter les morts, à creuser et à orner leurs caveaux.

Quant aux tombeaux, ils étaient répandus sur les flancs et dans les vallons du désert. Là se pressait, plus nombreux que les vivants, le peuple des trépassés, groupé selon les règles hiérarchiques qui avaient présidé à son existence terrestre. Les rois et les grands occupaient de vastes demeures souterraines ornées de riches peintures et d'un somptueux sarcophage, le reste du troupeau humain s'entassait dans de simples tombes ou même dans la promiscuité de la fosse commune.

Entre la ville des morts et la ville des vivants s'étendait une région intermédiaire remplie par toute une série de temples commémoratifs. Depuis la XVIIIe dynastie, les Pharaons avaient pris l'habitude de séparer leur crypte funéraire du temple qui l'accompagnait : ils avaient bâti celui-ci sur la lisière du désert, ils avaient creusé celle-là dans les vallées profondes cachées au revers des terrasses désertiques. De ces temples qui s'alignaient nombreux et superbes comme pour garder l'entrée de la cité des morts, quelques-uns ont survécu : ce sont, en allant du nord au sud, celui de Séti I à Kourna, celui de Ramsès II ou Ramesseum, celui de Déir el Medineh, celui de Ramsès III à Medinet-Habou, sans parler de celui de Déir el Bahri, qui aura une mention spéciale. Tous les autres ont disparu totalement ; d'un seul, celui d'Amenhotep III, il survit une trace : ce sont les deux Memnon placés devant sa façade.

Nous ne sommes plus ici dans la région des pyramides. Les premiers Pharaons se contentaient d'un étroit réduit au fond de fastueuses collines architecturales. Leurs successeurs cachaient leur tombe, mais la voulaient ample et spacieuse. La théâtrale grandeur d'un Chéops frappe davantage les yeux, mais la silencieuse majesté des sanctuaires où reposent les Ramsès émeut bien autrement l'imagination et le cœur.

Ils dorment, eux et leurs femmes, dans deux ravins distincts : celui du nord donne l'hospitalité aux rois, celui du sud abrite les sarcophages des reines. Nous avons commencé notre visite par la vallée des rois, et pour y arriver nous sommes passés par le temple de Séti I à Kourna. C'est un de ces sanctuaires égyptiens dont le plan nous est déjà devenu familier. Le pylône et le vestibule sont détruits, mais la salle hypostyle, le saint et le saint des saints sont conservés; il en est de même des chapelles latérales, notamment de celles qui étaient consacrées au culte de Ramsès I, père de Séti, et de Ramsès II, son fils. Celui-ci, est-il nécessaire de le dire? a voulu, ici comme partout, inscrire son souvenir dans le monument paternel. Notre très courte visite à ce sanctuaire ne m'a pas permis d'en étudier les reliefs, qui sont pleins d'intérêt. Il y en a un qui nous montre un chadouf fonctionnant, il y a 3,500 ans, à la manière de ceux que j'ai vus des centaines de fois en action sur les deux rives du Nil.

En quittant le temple de Séti, nous nous sommes engagés dans la Vallée des Rois, que les Arabes appellent le Bibân el Molouk. Après la journée de Karnak, je me figurais que je ne saurais plus rien admirer : je me trompais. Une nouvelle source d'émotions m'attendais ici.

Comment redire ce que j'y ai épouvé? O la stupéfaction des sens et de l'esprit devant la sublime horreur de ce paysage funèbre, vrai séjour de la mort et du néant! Dans la radieuse matinée printanière, nous chevauchions solitaires et muets à travers cette gorge où il n'y avait d'autres vivants que nous, nos montures et leurs conducteurs. Pas un brin d'herbe, pas une goutte d'eau ne vivifiait l'uniforme nudité du sol, pas le plus léger nuage n'altérait l'immuable azur du ciel, pas le moindre bruit ne profanait la majesté du vaste silence. Nous nous faisions à nous-mêmes l'effet d'ombres qui glissaient comme des apparitions à travers un semblant de paysage et sur un sol sans réalité. La tristesse infinie de la terre et la radieuse beauté du ciel faisaient un contraste tellement impressionnant, qu'il semblait ménagé à dessein par quelque force surnaturelle.

Imaginez quelque chose de plus saisissant que le divin sourire de la voûte céleste enveloppant le squelette de la terre. On eût dit que dans les bras de ce ciel incomparable, la terre se fût efforcée de revivre et voulait retrouver les couleurs de la vie sous ses baisers. Les parois fauves du ravin, chauffées au feu du soleil comme le fer dans la forge, revêtaient un ensemble de teintes dont la gamme, partant du brun, atteignait le violet pâle sans le dépasser, avec une richesse fantastique de nuances dont on ne saurait donner une idée à qui ne les a vues.

Mais toute l'ardeur du soleil, toute la splendeur de la lumière étaient impuissantes à vivifier le cadavre, et le jeu des couleurs sur ses ossements desséchés évoquait les taches multiples qui se produisent sur les corps en décomposition. Le ciel et l'enfer, superposés sans se pénétrer, restaient deux mondes fermés l'un à l'autre, qui, s'offrant au regard dans une seule et même vision, y laissaient une impression unique d'admiration et d'horreur. Ce spectacle se prolongeait et s'accentuait à mesure que nous avancions, à travers un silence toujours plus solennel et presque accablant.

Il est impossible de rendre la formidable majesté de ce paysage de mort, où l'on ne se fût pas étonné d'entendre soudain retentir la trompette du jugement dernier, appelant devant le juge suprême tout le troupeau des trépassés. Je me figure qu'au grand jour de ce réveil universel, le ciel aura la même beauté pour accueillir les élus et la terre la même tristesse pour engloutir les infortunés qui crieront aux montagnes de tomber sur eux.

Cette chevauchée à travers le vallon des Rois restera une de mes plus puissantes impressions de voyage. Encore aujourd'hui, en fermant les yeux, je revois ce sombre et radieux défilé, et j'ai dans l'oreille le cri strident du vautour qui vint déchirer de sa note sinistre l'angoissant silence. Ah ! que pareille nécropole était digne de ces Pharaons qui, de leur vivant, avaient été plus que des hommes, et qui, dans leurs tombes, semblaient vouloir être plus que des morts !

Nous arrivons enfin à une espèce de cirque où le ravin vient se terminer en cul-de-sac au pied des collines. C'est ici et dans les gorges latérales qui débouchent sur le cirque, que sont creusés les tombeaux des rois. Chacun consiste dans une suite de couloirs s'engageant dans les flancs de la montagne et aboutissant finalement à une chambre sépulcrale où le Pharaon défunt repose dans son sarcophage. L'entrée est fermée aujourd'hui par une grille de fer devant laquelle est un arabe qui vous offre des renseignements et qui attend un *bakchich*. Les principales tombes sont éclairées à l'électricité et vous pouvez les étudier comme en plein jour.

Si longs que soient les couloirs, ils sont chargés d'une extraordinaire profusion de représentations aux couleurs vives et fraîches encore, que la tombe a gardées intactes pendant des milliers d'années, mais qui, il faut le craindre, ne tarderont pas à pâlir sous l'aveuglante lumière de l'électricité et au contact de l'air qui pénètre maintenant dans les souterrains. Ces représentations sont bien différentes de celles que nous contemplions dans les nécropoles de l'Ancien et du Moyen Empire, à Sakkarâh ou à Beni-Hassan. Elles ne peignent plus les épisodes de la vie d'ici-bas, elles mettent sous nos yeux les scènes de l'au-delà. C'est le voyage de l'âme à travers les dangers et les terreurs de l'autre monde, c'est la rencontre de serpents monstrueux qui cherchent à la faire périr, c'est le jugement du défunt par Osiris assisté des autres dieux, c'est la pychostase, où le cœur est pesé dans les balances éternelles de la justice, c'est tout un ensemble de tableaux charoniens, qui fait penser aux tombes étrusques et dans lesquels prédomine la note sinistre. L'artiste a su peindre les épouvantements de l'enfer : les joies du paradis n'ont pas sollicité son pinceau. Est-ce impuissance, ou faut-il voir ici le tour naturel de l'esprit humain en face de la cruelle énigme de la mort? Je ne sais, mais le fait est constant : du grand triptyque de la *Divine Comédie*, vous n'avez ici qu'un volet, celui de gauche.

Il n'en est pas moins vrai que toute cette décoration funéraire atteste, de Memphis à Thèbes, un singulier progrès dans l'évolution de la pensée religieuse. Là, le mort ne pouvait se faire à l'idée de n'être plus de ce monde; descendu dans la maison d'éternité, il se retournait vers cette pauvre vie mortelle qu'il voulait continuer dans la tombe, incapable, dirait-on, de concevoir l'autre monde sinon comme la continuation pure et simple de celui-ci. De là, dans les tombes des privilégiés, ce prodigieux ensemble de peintures funéraires qui semblent vouloir reconstituer une vie humaine, et dont on se flattait qu'elles la ressusciteraient même, au moyen de formules magiques prononcées sur elles en temps opportun et avec l'intonation juste. Il s'agissait de revivre, de s'accrocher à l'existence terrestre comme on pouvait, ne fût-ce qu'en peinture!

Ici, au contraire, on tourne résolument le dos à l'image de ce monde, pour s'enfoncer avec des pensées religieuses dans le chemin qui mène à une vie meilleure. Ces rois qui ont eu leurs pieds sur la tête des nations ont vraiment bu les ondes du Léthé; ils ne laissent plus pénétrer dans leur dernière demeure aucun souvenir terrestre, ils ne savent plus qu'ils ont été des dieux sur terre et ils se recueillent dans la mort avec un détachement absolu de tout ce qui a fait leur grandeur ici-bas. Il y a quelque chose de vraiment royal dans cette résignation muette à la loi universelle qui pèse sur les Pharaons comme sur les fellahs.

Nous avons fait visite à plusieurs des majestés qui se sont réfugiées ici, ou, pour mieux dire, aux souterrains où elles avaient vainement espéré de trouver leur dernière demeure. Car, le lecteur le sait déjà, aucun de ces Pharaons, à l'exception d'un seul, ne pouvait nous donner audience, n'ayant plus, désormais, d'autre demeure que les vitrines du Musée du Caire, où leurs faces momifiées s'offrent à la pitié des visiteurs. Comme nous étions sans guide, nous avons dû abandonner au hasard le choix des syringes où nous allions pénétrer, puisque le temps ne nous permettait pas de les voir toutes. Le hasard ne nous a pas trop bien servis; nous n'avons pas vu les syringes de Séti I et de Ramsès IV, qu'on dit les plus belles de toutes. Par contre, nous sommes entrés successivement chez Amenhotep II, chez Ménephtah, chez Ramsès III, chez Ramsès VI.

Notre descente aux enfers a duré trop peu de temps et a été trop envahie par l'innombrable multitude des visions fantastiques, pour qu'il me soit possible de décrire ce que j'ai vu. Au surplus, il faudrait une étude préalable du *Livre des Morts* pour se retrouver au milieu de toutes ces scènes d'occultisme et de magie noire, de ces animaux à formes monstrueuses que la réalité ne connaît point, de ces serpents immenses aux volutes innombrables, marchant sur des pieds et ayant des têtes d'hommes, de ces dieux infernaux conduisant le mort de terreur en terreur jusqu'à la redoutable épreuve de la psychostase finale.

Ce que j'y ai ressenti, c'est toujours le même sentiment de malaise et d'inquiétude en face de la civilisation qui avait conçu cette solution du problème de la mort. Nous autres, modernes, nous avons eu aussi, au moyen-âge, nos visionnaires qui croyaient pouvoir nous redire les terreurs de l'autre monde, que dis-je? le plus grand de nos poètes n'a pas fait autre chose. Mais ces visions, mais ces poèmes, nous n'en avons pas fait des réalités, nous ne leur avons pas donné une valeur liturgique, nous n'en avons pas enfermé la représentation au fond des tombeaux comme un talisman d'un infaillible effet. Elles sont restées pour nous des rêves poétiques ou des symboles expressifs. Pour l'Égyptien, elles avaient la prétention d'être des réalités.

Je ne pouvais me défendre de l'idée que tout n'avait été que grossière imposture, et je ne sais pourquoi mes yeux se sont arrêtés plus longtemps que de raison sur une peinture du tombeau de Ménephtah, le Pharaon de l'Exode. Il était, bien fait, ce fastueux menteur qui se flattait d'avoir exterminé la graine d'Israïlou, pour fournir un thème à l'ignoble imposteur Léo Taxil, dont le nom ne souillerait pas mes pages sans une coïncidence trop bizarre pour être fortuite. Je me souviens d'une gravure que la vaillante *Gazette p pulaire de Cologne*, qui démasqua ce vil personnage, avait empruntée en son temps à un de ses livres. On y voyait le diable venant jouer du piano dans une société d'hommes et de femmes qui, probablement, l'avaient invoqué, et que sa vue remplissait d'épouvante et d'horreur. Satan était là sous la forme d'un crocodile debout sur sa queue. D'où pouvait venir à l'imposteur une idée aussi saugrenue? Eh! il l'avait trouvée dans quelque gravure reproduisant les scènes du tombeau de Ménephtah! Dans un zodiaque qui figure au plafond de la salle du sarcophage, regardez, voilà le diable de Taxil : il est debout sur sa queue comme l'autre, et il s'appuie sur les épaules de Sobekh, le dieu-hippopotame à la gueule énorme et au ventre pendant. Ces deux personnages de comédie étaient dignes de ressusciter au XIXe siècle pour la joie des mystificateurs et pour l'édification des gogos, et Sobekh a le droit de se plaindre d'avoir été oublié.

Du fond de ces hallucinantes cavernes de la mort, la vérité cruelle et tragique se fait parfois entendre avec un accent dont il est difficile de dire la poignante éloquence. Il me souvient ici de la magnifique syringe de Ramsès III, avec ses innombrables chambres latérales remplies de scènes d'une richesse et d'une variété éblouissantes. C'est dans l'une de ces chambres que j'ai entrevu le « harpiste » qui a, pendant quelque temps, donné son nom au tombeau. Debout devant sa harpe aux proportions gigantesques, il en pince les cordes, et les dieux immortels sont là qui l'écoutent. Et que chante-t-elle, la harpe d'Égypte, pour ses divins auditeurs, dans les régions de la paix éternelle? Écoutons-la :

« Jouis de la vie!

» Tu es en bonne santé, ton cœur se révolte contre les honneurs funèbres. Abandonne-toi à tes penchants tant que tu es de ce monde!

» Qu'il y ait toujours des essences et des parfums pour tes cheveux, des étoffes de lin souple pour tes membres, des guirlandes et des lotus pour les épaules et la gorge de ta maîtresse chérie!

» Qu'il y ait des chants et de la musique devant toi pour t'aider à oublier tes maux.

» Ne songe qu'aux plaisirs, jusqu'à ce que vienne le jour où il faudra aborder la terre du silence. En attendant, ne livre pas ton cœur à l'ennui.

» Jouis de la vie! »

Certes, cette harpe n'est pas la harpe de Sion. C'est plutôt le luth voluptueux d'Horace chantant le *Carpe diem*, ou encore la voix de l'heureux de la terre que flétrit le livre de la *Sagesse*.

« Venez, jouissons des biens qui sont à nous, usons de la créature pendant notre rapide jeunesse.

» Emplissons-nous de vins précieux, enduisons-nous d'onguents parfumés, ne laissons point faner la fleur de nos années.

» Couronnons-nous de roses avant qu'elles se flétrissent, et qu'il n'y ait pas de champ où ne passe notre volupté (1). »

Mais que penser d'une civilisation qui inscrit de pareils poèmes dans les ténèbres d'un tombeau, au milieu des effrayantes représentations du jugement dernier? Serait-il vrai que toutes ces peintures ne sont que des symboles sans âme, auxquels n'auraient pas cru ceux qui les ont inventés? (2) Mais alors?... Ici surgit le grand point d'interrogation qui représente le mystère profond de la vie égyptienne : mensonge

(1) Sagesse, II, 6-8.
(2) Lefébure dans *Annales du Musée Guimet*, t. IX, p. 8

ou illusion? A moins que ce ne soit l'un et l'autre.

Notre dernière visite fut pour Amenhotep II. C'est le seul Pharaon qui n'ait pas émigré au Caire : il repose toujours au plus profond de sa syringe. Hélas! il n'en est pas plus heureux. Sa dernière demeure a été violée, comme celle de tous ses royaux collègues, par les pillards qui opéraient sous la XXe dynastie; le couvercle de son sarcophage est enlevé : une poire d'électricité, placée au-dessus de sa tête, projette une lumière crue et aveuglante sur le masque royal. Et il gît là, avec son pauvre bouquet de fleurs placé à côté de lui, exposé aux regards des curieux et des indifférents, dans une misère et un abandon qui serrent le cœur. Sa tombe, on le sait, servit autrefois de refuge à quantité de Pharaons qui fuyaient de syringe en syringe devant les profanateurs de tombeaux. Appartiennent-elles à ce groupe de royaux fugitifs, les trois momies de fillettes royales qu'on voit encore aujourd'hui dans une salle latérale? Sans doute, elles étaient belles et dorlotées du temps qu'elles vivaient, et maintenant elles dorment là comme les sept princesses de Maeterlinck, ayant l'air de conter leur détresse infinie au visiteur qui les regarde de loin et lui montrant sans pudeur leurs ventres ouverts ou, pour mieux dire, enlevés et remplacés par des loques.

Quand nous nous fûmes rassasiés du spectacle des tombeaux, nous pensâmes à regagner la vallée du Nil. Pour cela, à moins de refaire en sens inverse le long itinéraire qui nous avait amenés ici, il fallait remonter les pentes de l'Assasif et de Déir el Bahri qui sont les hauteurs fermant la vallée. Comme la pente était trop raide pour qu'on pût entreprendre de faire cette ascension à dos d'âne, nos âniers avaient pris les devants avec leurs bêtes et étaient allés nous attendre sur le plateau, que nous fûmes obligés de gagner à pied laborieusement, sous la chaleur de midi. Déjà je m'étais mis en route quand deux grands escogriffes, l'un jeune et l'autre vieux, accoururent pour s'emparer de moi; ils m'empoignèrent sous les aisselles et, moitié me poussant, moitié me soulevant, ils se mirent en train de me hucher jusqu'au sommet. A chaque pas qu'ils me faisaient faire ainsi, le plus jeune poussait un profond soupir qu'il accompagnait régulièrement de ces mots débités d'un ton attendri : *As my father!* Je ne sais s'il trouvait que je ressemblais à son père, de quoi j'eusse été fort flatté, ou s'il éprouvait pour moi le sentiment d'un fils, mais je compris que le taux du *bakchich* devait être en rapport avec une telle piété filiale. Et bien que j'eusse volontiers envoyé au diable mon prétendu fils et son vrai père, je me souvins qu'en pareille rencontre, la patience est encore la vertu la plus facile à pratiquer et mon porte-monnaie fut seul à se plaindre des difficultés de l'ascension.

Le sommet, que nous atteignîmes enfin, nous réservait un coup d'œil grandiose et émouvant. Devant nous la vallée de Thèbes s'étendait avec une incomparable majesté. Large de plusieurs lieues, la plaine nilotique se déployait pour ainsi dire à l'infini avec son opulent tapis de verdure fraîche, piqué d'arbres aux formes gracieuses et de bosquets affectant je ne sais quel vague aspect d'ombreuses forêts. Au loin, ce tableau délicieux était fermé par les vives arêtes des falaises de sable aux reflets mauves : toujours le même violent contraste entre le cadre et le tableau, entre l'opulence de la vallée et la stérilité sans bornes du désert. Par dessus le tout, on voyait surgir les trois cimes jumelles qui caractérisent l'horizon de Thèbes, comme si elles voulaient le faire rivaliser avec celui de Memphis et lui donner ses pyramides à lui. Mais combien les pyramides de Dieu sont plus belles, et de quelle sublime hauteur elles dominent ce site prédestiné! Oui, c'est un spectacle vraiment impérial que celui de l'horizon thébain : j'y retrouve, dans des proportions agrandies et avec une magie supérieure, le charme que je goûtais hier à le contempler du haut du pylône de Karnak, et je fais une nouvelle amende honorable à la vallée du Nil.

Descendus de notre observatoire, d'où nous eûmes de la peine à nous détacher, nous allâmes prendre un déjeûner froid, commandé d'avance par notre hôtel, au restaurant que la firme Cook a créé ici à l'entrée du désert, à l'usage exclusif de ses clients.

Puis nous allâmes voir le temple de Déir el Bahri adossé aux falaises désertiques. Il était recommandé de n'y pas aller aux heures chaudes de la journée, mais nous n'avions pas le choix de l'heure et nous avons quelque peu transpiré. Mais ce n'était pas payer trop cher une visite si intéressante.

A la différence des autres temples funéraires énumérés ci-dessus, le temple de Déir el Bahri n'est pas distinct des tombes royales en l'honneur desquelles il a été élevé : les quatre Thoutmosis et la reine Hatasou, entre autres, y ont trouvé leur dernière demeure, si bien qu'il est presque le Saint-Denis de la XVIIIe dynastie. C'est un temple à trois terrasses, qui, partant de la vallée, s'élève par degrés et dont le saint des saints va s'enfoncer dans la paroi même du rocher. C'est là un caractère architectural absolument unique en Égypte, et qui assure au temple de Déir el Bahri une originalité incontestable. Est-il vrai, comme on l'a supposé, que l'idée de ce genre de construction ait été suggérée aux architectes égyptiens par les campagnes victorieuses de Thoutmosis en Mésopotamie, pendant lesquelles les enfants de la vallée du Nil apprirent pour la première fois à connaître les *zikkurât* et les temples à terrasses de la civilisation assyro-chaldéenne? On aimerait à le croire et une telle origine donnerait un intérêt de plus à l'extraordinaire monument que nous visitons.

Chacune des terrasses était garnie de portiques, dont les inférieurs ont été rebâtis depuis qu'on a déblayé le temple. Ces travaux de restauration, comme il arrive toujours en pareil cas, ont été fort discutés. Sans vouloir les juger, je dois dire qu'en l'état actuel ils font mauvais effet; la couleur jaune clair des nouvelles constructions jette dans la tonalité de l'ensemble une note criarde trahissant d'emblée leur modernité.

Le temple de Déir el Bahri est l'œuvre de cette pauvre reine Hatasou, dont nous avons déjà rencontré le souvenir dans le temple de Karnak. Je demande au lecteur la permission de la lui présenter ici, dans le monument le plus considérable qui nous soit resté d'elle.

Hatasou était fille de Thoutmosis I, le

premier Pharaon de la XVIIIe dynastie, qui ouvrit l'ère des conquêtes égyptiennes. Après la mort de Thoutmosis II, elle monta sur le trône dans des circonstances restées inconnues, et inaugura la série des grandes souveraines historiques, puisque l'histoire de Sémiramis n'est qu'une fable. Ce fut, à tous les points de vue, un règne remarquable et qui mériterait de trouver un historien. A la vérité, comme tous les monarques égyptiens, Hatasou assied son autorité sur le mensonge. La première à notre connaissance, et devançant Amenhotep III, elle imagine la fiction qui fait d'elle la fille d'Ammon en chair et en os. C'est le dieu lui-même, à ce qu'elle prétend, qui lui a donné son nom et qui a prophétisé qu'elle règnerait glorieusement sur l'Égypte. Elle l'a proclamé très haut, elle a voulu qu'on le crût et elle y est peut-être parvenue. Mais cela ne lui a pas suffi. Craignant, sans doute, de ne pas trouver assez d'obéissance chez un peuple peu habitué à l'autorité d'une femme, elle imagine de faire oublier son sexe et de se donner pour un homme. Elle se fait représenter avec la barbe postiche des

Pharaons, elle parle d'elle-même au masculin, elle est le roi Hatasou trois mille ans avant que Voltaire eût inventé « Catherine le Grand ». Il n'y a décidément rien de nouveau sous le soleil.

Hatasou a d'ailleurs fait de grandes choses. Elle a envoyé une flottille au Pays de Pount, renouant ainsi les anciennes relations de l'Égypte avec la contrée de l'encens; elle a fait recommencer l'exploitation des carrières du Sinaï; elle a relevé quantité de sanctuaires détruits par les Hyksos et renversé ceux qu'ils avaient bâtis « dans leur ignorance de Râ »; elle a, enfin, dressé à Karnak les deux plus grands obélisques de l'Égypte. Après vingt ans de règne, elle meurt, laissant le trône à Thoutmosis III, qu'elle s'était, paraît-il, associé de son vivant, et elle va prendre possession du tombeau qui l'attendait dans le beau temple où nous voici (1).

(1) Je n'ai certes pas la prétention d'intervenir dans les débats entre égyptologues au sujet du règne de Hatasou. La plupart en font la femme de son frère Thoutmosis III, et veulent que ce dernier, pour se venger d'avoir été traité par elle en simple prince-époux, soit l'auteur de tous les actes de vandalisme commis contre

Certes, à tous les points de vue, le nom de cette souveraine entreprenante et vigoureuse méritait de survivre. On n'en a pas jugé ainsi. Les rois de la XIXe dynastie ont fait à sa mémoire une guerre acharnée; ils ont martelé, enduit de plâtre ou couvert de maçonnerie ses images et ses inscriptions, ils ont essayé, en un mot, de la biffer entièrement du livre de l'histoire. Elle n'est pas nommée dans la table d'Abotou; on dirait que ses successeurs ont rougi d'avoir eu une femme pour collègue : s'il en est ainsi, ils connaissaient bien peu les annales de l'Égypte. Au surplus, leurs efforts pour anéantir la

---

la mémoire de cette grande reine. Aussi longtemps que ces deux points d'histoire ne seront pas tirés au clair, je revendique la liberté de me faire une opinion personnelle, basée sur de simples considérations psychologiques. Je ne crois pas que Hatasou fut mariée : quand on s'appelle le roi Hatasou et qu'on met une barbe au menton, on ne peut pas plus avoir de mari que lorsque l'on se fait appeler la *Vierge d'Occident*, pour prendre un exemple dans un règne européen qui suggère plus d'un rapprochement avec celui de Hatasou. Et je ne crois pas, d'autre part, qu'on ait prouvé jusqu'ici l'accusation portée contre Thoutmosis III. Successeur de Hatasou de par un titre légal quelconque, ce roi n'avait aucun intérêt à contester un droit duquel émanait le sien, et des trouvailles faites dans le temple de Karnak le montrent offrant un sacrifice avec Hatasou. (V. Naville dans *Annales du Musée Guimet*, t. XXX, p. 21).

mémoire de Hatasou sont restés infructueux : elle s'est assuré par ses œuvres, dans l'histoire de son pays, une place qu'il n'était pas au pouvoir de la jalousie de lui enlever. Les marteaux de ses ennemis ont fait tout juste autant de dégât qu'il en fallait pour attester leur effort et leur impuissance.

Nous sommes ici dans l'édifice favori de la grande souveraine

Venez voir, ami lecteur, l'histoire de ce règne extraordinaire retracé dans les reliefs qui ornent le fond des terrasses de Déir el Bahṛi.

Et d'abord, arrêtons-nous devant la série de reliefs où est racontée la naissance de la reine. C'est une histoire étonnante; nous en avons déjà eu un spécimen à Louxor dans la chapelle d'Amenhotep III, mais on ne saurait se lasser de la contempler de nouveau. Sans compter qu'ici, la légende généalogique apparaît pour la première fois, qu'elle est traitée avec un plus grand luxe de détails et qu'elle l'emporte par l'antiquité et par l'originalité.

L'histoire s'ouvre majestueusement à la

manière d'une épopée. Ammon a convoqué chez lui les grands dieux de l'Olympe égyptien; ils sont au nombre de douze, huit dieux et quatre déesses : ce sont Montou, le « seigneur de Thèbes » à tête de faucon, Toum, le grand dieu d'Héliopolis, suivi de Shou, de Sefnet, de Sheb et de Mout; ensuite viennent Osiris, Isis et leur fils Horus, puis enfin Nephthys, Set et Hathor, reconnaissable à ses cornes de vache. Tous portent le grand bâton à crochet dans une main et le signe de vie dans l'autre. Assis devant eux sur un trône élevé, le souverain des dieux leur fait connaître ses volontés : il engendrera une fille à laquelle il donnera la couronne des deux Égyptes et à qui il soumettra tous les pays Ne dirait-on pas entendre Jupiter prédisant aux dieux la grandeur de Rome :

> Hic ego nec metas rerum nec tempora pono :
> Imperium sine fine dedi.

Après cette scène grandiose, vient une scène de comédie : Thot, le Mercure de l'Égypte, joue ici le rôle que lui attribue la légende de Jupiter chez Alcmène : c'est lui qui conseille au dieu de visiter la reine Ahmosé sous les traits de son mari Thoutmosis et qui le conduit auprès d'elle.

La scène suivante est une scène d'amour, mais elle est traitée chastement, comme à Louxor. Les deux amants sont assis l'un vis-à-vis de l'autre, rapprochés étroitement au point que leurs genoux se touchent; sur leurs lèvres flotte un sourire de béatitude. La conception de l'enfant royal est indiquée symboliquement par le signe de vie représenté ici en deux exemplaires : l'un qui passe, j'allais dire qui vole de la main du dieu dans celle de la reine, l'autre qu'il lui fait respirer en le lui plaçant sous les narines.

Après cela, Ammon va trouver Khnoum, le dieu à tête de bélier, et lui commande de façonner le corps de Hatasou. Khnoum fabrique sur son tour à potier deux petites figures masculines identiques l'une à l'autre; vous avez bien lu : masculines. Accroupie devant elles, la déesse Héket à tête de grenouille, qui est la femme de Khnoum, leur tend le signe de vie qui va les appeler à l'existence.

Quand cela est fait, le dieu Thot reprend ses fonctions de céleste messager : il vient trouver la reine et lui annonce toute la gloire qui va rejaillir sur elle, l'heureuse mère de la future princesse. Il étend la main avec un geste dramatique pour mieux la convaincre.

Le moment de la délivrance est arrivé. Héket et Khnoum, tenant la reine par la main, la conduisent dans la chambre de l'enfantement.

Et ici, large et vaste tableau correspondant pour l'importance à celui qui ouvre la série de nos reliefs. Il y a trois étages ou registres. Au plus élevé la reine est assise sur un siège que supporte un vaste trône ; devant elle, accroupies ou debout, des déesses acclament et tendent le signe de vie. A l'étage moyen, des dieux à tête d'animaux poussent les mêmes cris et font les mêmes gestes. Au registre inférieur, des Anubis et des Horus accroupis étendent les bras en signe d'allégresse ; deux figures grotesques, le hideux et difforme dieu Bès et l'ignoble déesse hippopotame servent en quelque sorte de repoussoir. On dirait que tout le ciel est descendu sur la terre pour assister à la naissance de l'enfant merveilleux.

Je résume le reste. Hatasou est présentée par la déesse Hathor à son père Ammon, qui la prend dans ses bras en lui adressant des paroles de tendresse; lui-même la présente aux autres dieux réunis autour de lui et qui promettent à l'enfant tous les dons, comme les fées réunies autour du berceau du prince Charmant. Puis elle va avec son père faire visite aux dieux, après quoi Thoutmosis la couronne et la fait reconnaître son héritière. Et chaque fois, pour que vous ne puissiez pas vous y tromper, de longues inscriptions commentent ou expliquent la scène que vous avez sous les yeux; les personnages divins prennent la parole pour annoncer à Hatasou un règne heureux et puissant qui durera des millions d'années.

Hélas! il est arrivé à la pauvre reine Hatasou ce qui est arrivé au prince Charmant: tant de dons et tant de gloire ont été anéantis par un génie ennemi, qui a cruellement martelé sur les murs sa figure et celle de son père Ammon. Quel est le barbare qu'il faut accuser? C'est Thoutmosis III, disent les uns. Non, disent les autres, c'est Amenhotep IV, le réformateur ennemi d'Ammon. Quoi qu'il en soit, le coupable mérite l'exécration de la postérité, car, s'il faut en juger par les fragments qui ont été conservés, il a fait périr un des chefs-d'œuvre de l'art égyptien. La seule figure qui ait été épargnée par le dévastateur et que nous possédions, en deux exemplaires, dans son relief original, c'est celle de la reine Ahmosé, et c'est une merveille de grâce et de beauté. A trois quatre mille ans de distance, pendant qu'elle passe sur ce mur comme une vision divine, elle serait encore capable de tourner la tête à d'autres qu'à des dieux. Ainsi devait apparaître Hélène devant les vieillards de Troie, qui se levaient de respect en la voyant et qui comprenaient que sa beauté eût allumé la guerre fatale ...

Ce qui n'est pas moins extraordinaire, c'est, toujours aux parois de la même terrasse centrale, sous les portiques du fond, la série des reliefs représentant l'expédition de Pount. Du fond du sanctuaire, Hatasou a entendu un jour sortir la voix du dieu Ammon demandant qu'on lui fît ici « un paradis pour s'y promener » comme dans le pays de Pount. Pount « le pays des dieux », que les savants identifient aujourd'hui avec les deux rives méridionales de la mer Rouge, c'est pour les Égyptiens une espèce d'Atlantide, une terre merveilleuse chère aux bienheureux immortels, parce qu'elle produit les arbres à encens; ils aiment à s'y promener en respirant le parfum de ce baume précieux, le meilleur hommage que les mortels puissent leur offrir. Et c'est pour que le dieu trouve à Déir el Bahri le paradis rêvé que la reine envoie une flottille de cinq vaisseaux au pays de Pount, avec mission de rapporter des arbres à encens, qu'elle fera planter sur la terrasse centrale de son temple.

Admirez comme tout cela est rendu dans les reliefs placés derrière les portiques de cette terrasse! Voici la flotte égyptienne qui prend la mer; vous voyez les vaisseaux, vous pouvez en étudier chaque détail, car, comme toujours, ils sont reproduits avec une vérité et un naturel qu'on ne saurait dépasser. Ce que l'art égyptien est impuissant à rendre, c'est la majesté de la mer infinie; vous la voyez figurée par une bande étroite remplie de lignes zigzaguées, au milieu desquelles nagent des poissons, des tortues, des crabes et autres crustacés à proportions gigantesques, absolument comme dans les reliefs assyriens du British Museum : l'art des deux peuples, encore une fois, s'est vu arrêté par les mêmes limites.

Nous assistons maintenant au débarquement des Égyptiens sur les rivages de Pount. Vous y voyez en peinture, comme aujourd'hui encore dans la réalité, des villages remplis de cabanes à forme de ruche, supportées sur de hauts piliers de bois qui les isolent et ne permettent ni aux hommes, ni aux bêtes d'y pénétrer; les habitants, eux, y entrent au moyen de l'échelle dressée à côté de chacune et qu'ils retirent à eux après y être entrés. Plus loin, nos argonautes arrivent devant le roi et la reine de Pount : celle-ci réalise, par son embonpoint démesuré et par sa difformité grotesque, le type de beauté cher aux roitelets africains. Lisez là-dessus, pour vous édifier, les curieuses pages où le voyageur belge Jérôme Becker décrit le harem d'un roi nègre et les procédés employés par lui pour procurer à ses épouses l'embonpoint monstrueux qui est considéré sous l'Équateur comme une condition de beauté; vous verrez que rien n'est changé au pays noir, ni dans l'architecture, ni dans l'esthétique, depuis quatre mille ans.

Ce qui m'intéresse dans cette Vénus hottentote, comme l'appelle Mariette, c'est... l'artiste qui l'a dessinée, c'est aussi le nautonnier qui lui a fourni ses données. Le premier travaille sous l'inspiration du second, qui a tenu à voir reproduire sur la pierre le phénomène de stéatopygie qu'il a contemplé de ses yeux. Ainsi, au moyen-âge, les tailleurs de pierre qui faisaient figurer au tympan de nos cathédrales des théories entières de damnés, se bornaient à exécuter le thème qui leur était fourni par le clergé : la pensée religieuse de celui-ci trouvait son interprète dans la main exercée de l'artiste. Et si je place cette observation ici, alors qu'il eût fallu la faire dès la première fois que j'ai rencontré des reliefs, c'est parce que, mieux qu'ailleurs, je vois ici réalisée la collaboration de celui qui commande et de celui qui exécute L'instinct réaliste et le sens du grotesque sont les mêmes chez l'un et chez l'autre; l'artiste, si sa main n'avait été guidée par les souvenirs de l'explorateur, n'aurait produit qu'une caricature sans vérité.

Plus loin, nos marins embarquent sur leur flotte les présents du couple royal et les marchandises achetées dans le pays. Quelle animation, quel va-et-vient de gens qui montent sur les bateaux, à moitié pliés sous leurs faix! Ils portent des dents d'éléphant, des sacs remplis de substances précieuses, des peaux de panthère, des singes, des arbres à encens. Ceux-ci, au nombre de trente et un, sont l'objet de soins particuliers, car ils représentent le principal butin de l'expédition. Les porteurs travaillent avec une hâte fiévreuse sous les yeux du capitaine qui contrôle leurs opérations : vingt fois, pendant notre croisière sur le Nil, nous avons été témoins de la même scène, et nous avons admiré la rapidité avec laquelle s'enlevaient les plus énormes tas de marchandises. Il y a toutefois ici un épisode inédit : juché sur un cordage derrière le capitaine et mimant ses gestes, un singe, avec une gravité comique, distribue comme lui des ordres et se donne des airs de commandant. Voilà un spécimen d'*humour* égyptien qu'il est important de noter : il nous ouvre sur l'art du pays un aperçu nouveau.

Puis enfin, voici le retour triomphal de la flotte. Hatasou, assise sur son trône, reçoit les hommages et les présents des explorateurs : on dirait voir Christophe Colomb et sa suite déposant aux pieds d'Isabelle la Catholique les tributs du Nouveau Monde. Les arbres à encens ont une place d'honneur dans le tableau : de vigoureux matelots les apportent dans des paniers remplis de terre. L'heureuse souveraine voit son rêve réalisé : elle pourra désormais planter le paradis de son père Ammon, et il s'y promènera comme au pays de Pount, dans le parfum que dégagent les arbres divins.

Tels sont les tableaux qu'offrent les parois de la terrasse centrale : merveilleuse documentation par l'image et saisissante représentation d'une page d'ancienne vie égyptienne. Je cherche vainement, dans mes souvenirs, une œuvre de l'art plastique qui puisse rivaliser, sous le rapport de l'intérêt, avec ces représentations murales du règne de Hatasou. On lui a d'ailleurs fait expier sa gloire : ici encore, sa figure apparaît martelée, stupide et inutile vengeance qui augmente la sympathie avec laquel le regard de l'historien s'arrête sur cette physionomie persécutée.

Je m'étais laissé surprendre par l'heure : il me fallut renoncer à visiter le temple de Montouhotep, contigu à celui de Déir el Bahri, et je dus me priver aussi de voir les si curieux tombeaux de grands seigneurs qui sont épars dans les environs, à l'Assassîf et à Scheickh el Gournâ.

Le reste de notre journée fut consacré au Ramesseum, c'est-à-dire au temple funéraire que s'était édifié Ramsès II. Ce fastueux monarque, a bâti à lui seul la moitié des monuments qui nous restent de l'ancienne Égypte et, comme on le sait, il s'en est attribué d'autres qui sont l'œuvre de ses prédécesseurs. Nous avions retrouvé son nom partout, nous avions contemplé sa pauvre dépouille au Musée du Caire, et maintenant nous allions le rencontrer une dernière fois dans le monument le plus important qu'il nous ait laissé.

Venant de Déir el Bahri, nous avons pénétré dans l'enceinte du Ramesseum par derrière, en poussant une petite porte en claire-voie qui s'ouvrait au moyen d'un loquet, et nous nous sommes trouvés d'emblée près du saint des saints. Nous avons alors traversé l'édifice au pas accéléré pour en refaire la visite méthodique en sens inverse, c'est-à-dire à partir de l'entrée principale.

C'était dans le calme solennel de l'après-midi. Par une bonne fortune inespérée, la solitude était profonde; la chaleur du jour tenait les touristes à distance; nous goûtions le charme de nous trouver absolument seuls dans l'enceinte sacrée. Le soleil dardait comme des lanières de feu, qui faisaient ricochet sur les marbres étincelants; un silence imposant planait sur l'étendue, à peine troublé par je ne sais quel bourdonnement confus qui s'élevait au loin dans la vaste plaine ivre de chaleur et de lumière. Nous rôdions étonnés de nous-mêmes à travers ces ruines léthargiques, nous attendant presque à voir surgir devant nous le spectre du Pharaon qui restait le génie du lieu. Car tel est le caractère de ces pays, où l'heure la plus ardente de la journée marque en quelque sorte la suspension de la vie et ouvre la porte aux fantômes.

Le Ramesseum est en ruines, mais de telle manière qu'il est facile, avec un peu d'imagination, de le relever et de le reconstituer dans son état de splendeur primitive. C'est toujours l'immuable plan du sanctuaire égyptien, que nous rencontrons partout depuis Dendérah. D'abord, un massif pylône chargé sur sa double face extérieure de scènes de batailles et de victoires, puis une vaste cour intérieure garnie de portiques, au milieu de laquelle surgissait la statue colossale du fondateur, puis une seconde cour à piliers osiriaques où vous retrouvez les mêmes représentations, puis une salle hypostyle, suivie de deux autres salles plus petites qui reposaient également sur des colonnes et qui formaient le saint, puis enfin, dans les ténèbres du fond, le saint des saints. Je n'ai pas besoin de dire qu'ici le sujet des scènes de guerre, c'est l'éternelle bataille de Quadesch, qui resta la grande victoire de Ramsès II et pour ainsi dire la victoire nationale de son peuple. L'intérêt majeur du sanctuaire, c'est la statue de Ramsès II, la plus colossale de l'Égypte, puisqu'elle avait 17 mètres de hauteur et qu'elle pesait 20,000 quintaux! Elle est renversée, le roi gît dans la poussière avec son sourire éternel; son *pschent* a roulé à côté de lui; le pied du passant foule à la fois la couronne royale et le front qu'elle ceignait. A Thèbes comme à Memphis, c'est parce qu'elle est à terre qu'on peut mesurer la majesté du Pharaon.

Je le répète au risque de fatiguer le lecteur, cette grandeur démesurée des proportions écrase en quelque sorte l'esprit; elle ne le laisse pas libre de s'ouvrir à d'autres impressions et de trouver une jouissance esthétique pure dans l'incroyable défilé des visions et des souvenirs qui passent devant lui. Elle tombe sur vous comme à l'improviste, et sans la préparation suffisante que vous apportez dans l'examen des monuments de l'antiquité classique et de notre moyen-âge. Je me rendais compte, une fois de plus, de l'impuissance des livres à donner une idée du monde pharaonique. C'est seulement dans ses ruines, sous l'azur de son ciel, devant les parois mi-calcinées de son désert, qu'on peut arriver à une vision de la civilisation égyptienne. Ramsès II et la reine Hatasou n'étaient guère pour moi, jusqu'à présent, que des noms qui ne correspondaient à aucune réalité historique. Maintenant, il me semblait que je les connaissais, que j'étais leur contemporain, et que je faisais partie de leur suite, tandis qu'ils s'acheminaient dans la pompe des cortèges sacrés vers les temples où les attendaient les dieux leurs frères.

CHAPITRE XVIII.

LA RIVE GAUCHE DE THÈBES.

(SUITE).

Déir el Medineh, la Vallée des Reines, Medinet Habou et les Memnons, ces noms résument le programme de notre journée archéologique du 14 mars. Nous avons, comme la veille, passé le Nil en felouque; sur la rive gauche, au-delà du canal, nous avons trouvé nos âniers qui avaient traversé le fleuve de bon matin pour nous attendre. De nouveau, nous voilà sous le charme de ces chevauchées par de resplendissantes matinées, chaudes sans doute, mais non accablantes, à travers un océan d'air pur et sur le dos de ces excellents ânes égyptiens, si bons coureurs et d'un trot si doux! Nous franchissons une fois de plus la vaste plaine verte où demain on coupera les orges, nous faisons boire nos montures à la *sakieh* qui est à l'entrée du désert, puis nous nous enfonçons dans la gorge où se blottit le petit sanctuaire de Déir el Medineh, enfermé dans son enceinte de briques crues. C'est une construction de l'époque ptolémaïque ressemblant à beaucoup d'autres, mais avec un charme particulier de solitude et de mystère. J'y ai contemplé sur les murs une psychostase en règle devant un Osiris ithyphallique. Toujours la perdurance de ces vieux symboles que tous les conquérants de l'Égypte ont respectés, qui ont défié toutes les philosophies et dont le christianisme seul a eu raison !

De Déir el Medineh, nous nous sommes engagés dans la vallée des reines. Elle a des proportions moins grandioses que la vallée des rois, mais elle n'est pas moins sauvage ni moins pittoresque. On y a ouvert jusqu'à soixante-dix tombes, dont les plus remarquables sont celles des reines et celles des princes royaux. Ces tombes ont le même caractère que celles des rois : ce sont de vrais palais souterrains richement ornés, et, depuis quelque temps, éclairés à l'électricité à l'usage des touristes. Nous en avons visité quelques-unes avec la rapidité que nous imposait notre horaire, mais il en est une où nous nous sommes arrêtés longuement : c'est celle de la reine Nefret-éré Mi en Mout, femme de Ramsès III.

Une vision saisissante m'y attendait.

Le plan de la syringe est fort simple. Un escalier conduit dans deux salles juxtaposées communiquant entre elles par un petit couloir ; de la première, un second escalier descend dans une salle hypostyle qui contient le sarcophage et qui est entourée elle-même de petites salles latérales. Toutes les parois sont remplies de peintures merveilleuses représentant le voyage de la reine à travers les régions de l'autre monde et d'inscriptions consistant en formules magiques destinées à lui faciliter le chemin. La succession de ces peintures forme tout un drame d'outre-tombe dont on peut suivre de mur en mur les péripéties, comme d'une *Divine Comédie* païenne.

Je ne connais rien dans l'art humain qui m'ait fait une impression aussi aiguë. Dante Alighieri lui-même ne vous hallucine pas à ce point : malgré toute la plasticité de son œuvre, malgré l'ardente sincérité de son accent, il ne vous fait pas oublier qu'il est un artiste, et vous avez en le lisant la sensation d'être emmené dans un monde de rêves par un enchanteur prodigieux. Ici, l'art et l'artiste disparaissent pour vous jeter devant la plus poignante des réalités. L'imagination poétique n'a aucune part dans l'émotion dont vous pénètrent ces parois tragiques, qui portent l'empreinte des angoisses vécues. La femme qui a fait faire ces peintures a projeté sur les murs de sa tombe l'effarante vision qui remplissait sa propre pensée, Dieu sait pendant quelles nuits d'épouvante et d'insomnie! Et c'est cela qui donne leur douloureuse éloquence à toutes ces scènes. Ce qui vous émeut, ce n'est pas un imaginaire drame d'outre-tombe, c'est le drame réel dont il n'est que le symbole, et qui s'est passé dans une âme de reine en face du problème éternel. Je ne sais comment m'est subitement revenu à l'esprit le souvenir de Charles-Quint étendu vivant dans le cercueil sous les draps funéraires, pendant qu'autour de lui les moines de Yuste chantaient les strophes terrifiantes du *Dies Irae*. Car c'est bien, chez la femme du Pharaon et chez le grand empereur, la même fixité fiévreuse du regard fouillant les ténèbres de l'au-delà, le même vertige qui appelle prématurément l'âme dans les régions de l'abîme auquel elle ne peut se dérober!

Nous sommes au prologue du drame.

La reine est assise sous un baldaquin : elle joue aux dames. Qui tient sa partie? Je l'ignore. Quel est l'enjeu? Je ne sais. Assistons-nous à la dernière scène du *Songe de la vie*, comme dans les fresques du Campo Santo de Pise, ou est-ce déjà le funèbre duel avec quelque puissance infernale contre laquelle la souveraine joue son âme, comme dans les légendes de notre moyen-âge?

Mais silence, la reine est morte : le tableau suivant nous la montre couchée à l'état de momie sur le lit funéraire, tandis que son âme sort du corps sous forme d'oiseau à tête humaine. Le grand voyage va commencer.

Nefret-éré s'en va, seule et recueillie, par le chemin que suivent tous les morts. De sa royauté terrestre, elle n'a gardé que sa beauté et la somptueuse coiffure qui est le chef-d'œuvre de ses femmes de chambre. Une longue robe blanche à plis perpendiculaires l'enveloppe chastement. Elle s'avance, charmante et sereine, comme Mathilde sur les bords du Léthé dans le paradis terrestre; instinctivement, je lui murmure des vers.

Deh ! bella donna...
Tu mi fai rimembrar dove e quel era
Proserpina nel tempo che perdette
La madre lei ed ella primavera. (1)

Mais elle n'entend pas. Les choses mortelles n'arrivent plus jusqu'à son esprit, ni la voix d'un mortel à ses oreilles. Son cœur n'est rempli que d'une seule pensée : le but de son voyage! Elle a quelque confiance, la confiance que donne une piété qui a rempli tous les rites et qui connaît toutes les formules. Elle sait qu'elle a besoin, comme le plus humble de ses sujets, de se conformer aux prescriptions rigoureuses desquelles dépend le salut de son âme. Elle doit offrir ses

(1) Dante, *Purgatoire* XXVIII, 43.

hommages à tous les grands dieux, et la voici, dans une série de scènes, implorant tour à tour le Soleil, puis Osiris, puis Khépré, le dieu-scarabée, puis successivement Selket, Atoun, Thoout, Phtah et les sept vaches sacrées. Plus belle que les sinistres divinités qu'elle adore, la noble femme accomplit avec une foi tranquille et une dignité gracieuse les actes de propitiation que lui impose la religion des tombeaux. Et maintenant qu'elle a pieusement rempli tous ses devoirs envers les puissances souterraines, elle peut être tranquille : les dieux sont contents d'elles, ils la bénissent et ils la font entrer dans le séjour de l'éternelle paix.

O illusion tragique! O mensonge de la tombe! Tu as été trompée, ô pauvre femme! Tu as été la dupe de tes chacals, de tes vaches et de tes scarabées! Ils n'ont pas garanti à ta momie le repos qui était la condition de ton immortalité; ils ont souffert que la main impie des pillards vînt profaner tes chastes reliques sous leurs yeux, ils ont mis à néant tes précautions et tes espérances. Ta tombe est violée comme toutes les autres, et la seule chose qui te reste, c'est la pitié de l'Occidental qui vient ici, dans les ténèbres, admirer ta beauté et s'attendrir sur ton destin !

Du palais souterrain de la femme de Ramsès III, nous allâmes rendre visite à trois fils de ce roi, morts jeunes, et qui ont trouvé l'hospitalité de la tombe parmi les reines, comme si, jusque dans la mort, il appartenait à la tendresse féminine de se faire la gardienne de l'enfance. Et l'on dirait qu'au contact de cette tendresse, la rudesse masculine se soit adoucie, car le Paraon lui-même donne des preuves de sollicitude paternelle. C'est lui qui présente en personne son enfant aux dieux infernaux. Le jeune dauphin, reconnaissable à la longue boucle qu'il porte sur l'oreille, entre dans le monde des morts sous la protection de son père : il y a là un trait humain et touchant qu'on a plaisir à noter.

C'était décidément la journée de Ramsès III. Après avoir passé nos heures dans la compagnie de sa femme et de ses trois fils, c'est lui-même que nous allions retrouver dans son temple funéraire de Medinet Habou et dans le palais qu'il s'était fait bâtir à côté du temple. Ramsès III est le dernier des grands Pharaons et le seul homme remarquable de la XXe dynastie, avec laquelle commence le déclin de la puissance égyptienne. Venant après les conquérants illustres, il les prend pour modèles et il se conforme en tout à son prédécesseur Ramsès II. Comme Justinien, il veut faire grand avec une nation en décadence, et il y réussit, mais, comme lui, en épuisant son peuple. Il triomphe à deux reprises des Libyens confédérés qui étaient devenus un séieux danger pour l'Égypte et il les fait rentrer dans l'obscurité; il refoule en Syrie une invasion asiatique qui menace de s'écrouler sur le Delta; sur les pas des Thoutmosis et de Ramsès II, il reprend le chemin de la Mésopotamie, et, les flots de l'Euphrate s'étonnent de refléter de nouveau les enseignes égyptiennes. Vainqueur de tous ses ennemis, il fait régner la paix et la sécurité dans son royaume Sous lui, à l'entendre, les femmes peuvent se promener où elles veulent, portant leurs parures sur elles, et les hommes s'assiéent, la joie au cœur, à l'ombre des berceaux plantés par le roi. Ce sont les images traditionnelles par lesquelles on a de tout temps exprimé le règne des grands justiciers. « Sous Salomon, dit l'écrivain sacré, tout Israël était tranquille de Dan jusqu'à Bersabée, et chacun vivait en paix sous sa vigne et sous son figuier » (1). Toutefois, la vieillesse de Ramsès III connut les amertumes qui assombrissent le couchant des grands règnes; elle fut attristée par des conspirations de sérail contre sa vie, dans lesquelles, dit-on, trempa son propre fils.

Tel est le souverain qui va nous recevoir dans son temple funéraire. Ce temple, grand et vaste, est digne de l'architecture fastueuse inaugurée par la XIXe dynastie et dont le Rameseum visité hier est le type le plus complet. Il est, comme celui-ci, rempli des scènes ordinaires d'adoration des dieux et de victoires remportées sur les ennemis, mais les reliefs de Medinet-Habou ne nous offrent guère que des calques ou, si l'on veut, des copies. Ramsès III ne craint pas,

(1) III Rois, IV, 25.

je l'ai déjà dit, de s'attribuer des exploits de Ramsès II, tout comme celui-ci se parait des plumes de Thoutmosis III : les victoires d'autrefois étaient devenues, dirait-on, un héritage dynastique qui passait d'un souverain à l'autre, avec le *pschent* et l'*uraeus*.

Arrêtons-nous un instant, ami lecteur, au milieu de ces cours aujourd'hui désertes, pour voir une dernière fois défiler sur les murs les cortèges de victoires que l'Égypte, après Ramsès III, ne connaîtra plus. Ils s'acheminent tout à l'entour de nous, plus nombreux, plus solennels, plus triomphants que jamais. On dirait qu'avant de redescendre dans la nuit de la décadence, le pays a voulu, par un suprême effort, ressusciter la pompe des triomphes d'antan et respirer une dernière fois l'enivrant parfum de leurs voluptés. L'œil est comme ébloui de cette interminable procession de soldats victorieux et de captifs enchaînés; nous les avons vus souvent, mais jamais dans un ensemble aussi imposant qu'ici.

Nous assistons au départ de Pharaon pour la guerre : il est debout sur son char, traîné par ces beaux chevaux qui tantôt se lanceront avec une furie victorieuse au milieu de la mêlée. On distribue les armes aux soldats et l'on part; les régiments marchent devant le souverain, les peltastes ayant au bras leurs boucliers rectangulaires arrondis par le haut, les archers portant les arcs et les flèches. Derrière le roi, deux flabellifères agitent les chasse-mouches.

Bientôt nous sommes au milieu de la bataille et nous nous retrouvons en pays de connaissance. Ce roi gigantesque, debout sur son char et qui, avec un calme olympien, décoche ses traits sur les ennemis, nous l'avons déjà vu dans la même attitude sur les murs du temple de Louxor : il s'appelait alors Ramsès II, il s'appelle ici Ramsès III; il n'y a eu qu'un chiffre à changer. La mêlée est extraordinaire; les ennemis succombent partout, reconnaissables à leurs casques à ombelle et à leurs boucliers ronds.

Il y a ensuite une bataille navale; les barques s'entrechoquent se renversent les unes sur les autres, et toujours, dominant cette mêlée de toute sa hauteur, le roi, du rivage, ne cesse de cribler de ses traits les ennemis éperdus.

Puis, nous sommes témoins de son retour triomphal; il reçoit les hommages des prêtres et de ses autres sujets; on jette en un tas, devant lui, les mains coupées et d'autres trophées plus étranges encore, dont des scribes — ô bureaucratie pharaonique! — enregistrent gravement le nombre On amène la multitude des prisonniers, dont la nationalité se reconnaît au type de leur physionomie et à leur habillement; ils sont enchaînés d'une manière inhumaine : les uns ont les coudes liés sur le dos, où même au-dessus de la tête, d'autres encore ont les mains liées sur la poitrine; ils ne peuvent marcher sans faire des contorsions ridicules qui mettent en gaieté les spectateurs égyptiens. Le roi conduit lui-même tout ce troupeau de malheureux à ses dieux Ammon, Mout et Khons; il tient en main la corde qui est passée à leur cou, et il se présente gravement devant ses idoles avec ces tristes victimes humaines destinées au coutelas du bourreau.

Ces scènes cruelles, moins atroces toutefois

que celles qui leur font pendant sur les reliefs assyriens du Musée britannique, nous en disent long sur le degré d'humanité des despotes orientaux. Pourquoi ne pas avouer que je m'arrêtai avec une certaine complaisance devant la plus répugnante de toutes : celle des mains coupées? « Il y en a, dit l'inscription hiéroglyphique, douze mille cinq cent trente cinq » (1).

« Vous avez ici, dis-je à un touriste anglais qui contemplait ce tableau en même temps que moi, l'occasion de contrôler la véracité de votre compatriote Morel, qui prétend que l'usage de couper les mains des ennemis a été introduit en Afrique par les Belges. Ramsès III, comme vous le voyez, a pris la peine de lui infliger un démenti anticipé. Avouez que cela n'est pas pour donner du crédit aux autres accusations de Morel contre la Belgique. »

John Bull ne répondit à cette leçon

(1) Maspero, Histoire ancienne des peuples de l'Orient classique, t. II, p 460. La scène elle-même est empruntée à un relief de Thoutmosis III.

d'histoire que par un *hum!* dans lequel mon amour-propre me fit trouver une marque d'adhésion, et je continuai avec plus d'intérêt l'examen des reliefs du Pharaon qui venait de m'apporter son témoignage.

L'heure était avancée lorsqu'enfin je quittai le temple de Ramsès III. Dire qu'il y a gravé son souvenir en traits indélébiles n'est nullement une figure de rhétorique : j'eus la curiosité de me rendre compte de la profondeur à laquelle les hiéroglyphes étaient taillés dans la pierre, et j'enfonçai ma canne dans quelques-uns : elle y entrait à vingt centimètres! En d'autres termes, c'est la pierre elle-même qui est l'hiéroglyphe; il ne peut périr qu'avec elle. J'admire comme nous avons perdu, nous autres modernes, le sens des choses durables : nos inscriptions se bornent à égratigner la pierre, et un coup de l'aile du temps suffit pour les effacer.

A côté du temple surgit ce qu'on appelle le pavillon de Ramsès III; c'est un curieux édifice en pierre, la seule construction profane, à ma connaissance, que nous ait laissée l'architecture égyptienne. Il a vaguement l'aspect d'un château féodal, et, en réalité, il a servi de résidence au roi chaque fois que celui-ci venait visiter son sanctuaire. A l'étage supérieur, il y a des chambres dans lesquelles on voit des reliefs d'un genre assez curieux : ce sont des scènes de harem représentant Pharaon entouré de ses femmes, qui le servent et qui lui font de la musique. Sa Majesté est de bonne humeur et elle daigne caresser le menton d'une de ces heureuses mortelles.

Du temple de Ramsès III, nous revenons par la plaine fertile et nous allons porter nos hommages aux deux Memnon. Ce sont deux statues colossales du roi Amenhotep III; elles ont seize mètres de hauteur — un de moins que celle de Ramsès II dans le Ramesseum — et elles étaient placées devant le temple funéraire du fondateur. Il ne reste plus absolument de tout l'édifice que ces deux gardiens, assis les mains sur les genoux dans l'attitude traditionnelle. Encore l'un des deux, détruit par un tremblement de terre en 27 avant J.-C., est-il refait assez grossièrement au moyen de forts moellons de pierre superposés d'une manière informe. Pour l'autre, le vandalisme musulman ne l'a pas plus épargné que le grand sphinx de Ghizeh ; sa figure mutilée évoque l'idée d'un homme dont le visage serait ravagé par un chancre. Tous deux vous apparaissent avec un air que vous trouverez spectral ou grotesque, selon votre disposition d'esprit.

Et cependant c'était une œuvre grandiose que celle-ci ! Comme le Ramesseum, comme les temples de Louxor et de Karnak, comme tous les monuments de la XVIIIe et de la XIXe dynastie, elle affectait les proportions colossales qui marquent le dernier effort de l'art égyptien. Une avenue de chacals la rattachait au Nil ; deux obélisques se dressaient devant les deux colosses ; un gigantesque pylône surgissait ensuite. A l'entrée, sur une stèle bordée d'or et de pierres précieuses, dont des fragments ont été retrouvés à quelque distance des deux colosses, on lisait : « *Ma Majesté a fait ces choses pour des millions d'années et je sais qu'elles persisteront sur la terre !* » Vanité et illusion ! Un millier d'années après, tout n'était ici que ruines. Le temple avait disparu; des deux colosses, semblables à des sentinelles que le temps avait oublié de relever devant le palais détruit, un seul subsistait encore; de l'autre il ne restait que les jambes et le siège, tandis que les fragments de la tête et du torse jonchaient le sol tout alentour.

Et alors, la légende compatissante se chargea de faire un sort à la pauvre ruine. Tandis qu'on oubliait le nom de la statue intacte et qu'on ne s'intéressait pas à elle, on voulut savoir que l'autre avait représenté Memnon, le fils de l'Aurore, qui était venu au secours des Troyens assiégés et qui avait péri sous les coups d'Achille. Et comme on avait remarqué que tous les matins elle rendait un certain son, on imagina que c'était Memnon qui chantait pour saluer le lever de sa mère. Et l'Aurore, attendrie, versait des larmes sur le destin de son fils : telle était l'origine de la rosée matinale.

Aurore, divine Aurore, quand avec tes doigts de rose tu ouvres chaque matin les portes de l'Orient, est-il vrai que les pleurs que tu verses ne coulent que pour ton fils

Memnon? Je n'ai jamais voulu le croire, et depuis que j'ai vu le prétendu sujet de ton deuil maternel, je le crois moins que jamais. Tu es si belle et si charmante que tu dois être bonne, et alors, comment refuserais-tu tes larmes aux souffrances les plus cruelles? Il n'y a pas un fellah dont le sort ne soit plus digne de pitié que celui de ton fils. Du haut de son trône, il voit couler, impassible et serein, les sueurs de ces infortunés sur lesquels pèse l'héritage de soixante siècles de travaux forcés. Toi aussi tu es témoin de leurs maux. Aurore, dis-moi, ne serait-ce pas pour eux que tu aurais gardé tes larmes? Aurore, mon explication ne te fait-elle pas plus d'honneur que la légende?

Je sais bien qu'à poser de telles questions, je risque de compromettre ma réputation de critique. Il y a eu dès l'antiquité, des esprits qui refusaient d'ajouter foi à la touchante histoire des larmes de l'Aurore. Pline l'ancien croyait savoir que le chant de Memnon avait pour cause le déplacement de certaines molécules dans les flancs du marbre au moment où le soleil, en l'échauffant, y faisait évaporer la rosée (1). Cette explication était trop prosaïque pour être goûtée; on en resta à la légende, et les touristes continuèrent de pérégriner vers Thèbes pour pouvoir dire qu'ils avaient entendu chanter Memnon. On y allait comme on va aujourd'hui voir le soleil de minuit. Memnon reçut des caravanes de visiteurs dont beaucoup ont écrit leur nom et parfois leurs réflexions sur ses jambes : parmi eux, on ne s'étonnera pas de voir le plus ancien des *globe-trotters*, le dilettante impérial qui eut nom Adrien.

Un autre visiteur de la merveille est Strabon, qui voulut lui aussi se rendre compte du prodige. Il est certes intéressant d'entendre parler ici un témoin auriculaire. « On croit, dit-il, que la partie de la base restée debout rend une fois chaque jour un son semblable à celui d'un léger coup J'y ai été à la première heure du jour, en compagnie d'Élius Gallus et d'une multitude d'amis et de soldats, et j'ai effectivement entendu ce son, *mais je ne saurais*

(1) Pline, H. N., XXXVI, II, 58.

dire s'il venait du socle ou des débris du colosse, ou de quelqu'un de ceux qui se tenaient alentour, car, en une affaire aussi étrange, on sera disposé a tout croire plutôt que d'admettre que ces pierres étaient douées de voix » (1). Notre géographe parle là en homme avisé, et l'on voit que le chant de Memnon devait se réduire à bien peu de chose. Vraiment, si les autres touristes n'ont pas été régalés d'un plus beau concert, il faut avouer qu'ils étaient volés.

On dit que la statue de Memnon a cessé de chanter à partir du jour où elle fut réparée par ordre de Septime Sévère et mise dans l'état où elle est actuellement. Cela n'est pas tout à fait exact et je puis invoquer ici mon témoignage. Venu dix-neuf cents ans après Strabon, j'ai comme lui, entendu Memnon rendre « un son semblable à celui d'un léger coup » Mais je n'ai pas eu à me demander comment il se produisait. Sous mes yeux, un grand flandrin d'Arabe, grimpant le long des blocs superposés par Septime Sévève,

(1) Strabon, Géographie XVII, 46.

était allé s'installer au cœur du monument et, avec une pierre, il frappait les éclats de brèche rouge de Syène qui subsistent de la statue primitive. On entendit alors un son clair et argentin assez semblable à celui qu'il y a nombre d'années j'entendais dans la grotte de Han, tandis que le guide frappait avec un bâtonnet les stalactites qu'on y voit tendues à certain endroit en forme de tuyaux d'orgue. Je suis donc du nombre des mortels qui ont entendu de leurs oreilles l'hymne matinal du fils de l'Aurore.

CHAPITRE XIX.

LE RETOUR.

Le 16 mars après-midi, nous quittons Louxor à bord du *Cleopatra*, et nous débarquons au bout du troisième jour au Caire, au port de Kasr en Nil. En trois jours nous avons descendu le fleuve, que nous avions mis neuf jours à remonter, et j'avoue que je ne me plains pas de cette vitesse. La monotonie de la vallée du Nil nous frappait plus encore qu'à l'aller; la première curiosité passée, l'œil ne trouvait que rarement un spectacle qui pût le charmer, à part l'éternelle beauté du ciel, qui se répandait sur tout le paysage et le noyait dans un océan de lumière.

Les quelques jours que je passai au Caire après mon retour de la Haute Égypte furent consacrés à de nouvelles visites au Musée égyptien, qui avait plus de charme pour moi que jamais. Je visitai aussi la

Bibliothèque du Caire, qui a une riche collection de manuscrits du Coran et quelques exemplaires curieusement illustrés du Schah-Nahmeh de Ferdousi, l'épopée nationale de la Perse. Pour le Musée arabe, il m'a fait l'effet d'un magasin de bric-à-brac : le grand art y manque totalement, mais la petite ornementation y offre des détails curieux.

J'ai trouvé infiniment plus d'intérêt aux écoles et aux collèges que j'ai pu visiter avec une gracieuse autorisation de M. le Ministre de l'Instruction Publique, Son Excellence Ahmed Hechmat Pacha. Guidé par un inspecteur du département que M. le Ministre avait bien voulu attacher à ma personne, j'ai vu l'École Normale des professeurs, l'École des Cadis et une des principales écoles primaires, celle de Nasrieh. Ce sont trois établissements-types organisés sur le modèle de ce que nous avons de meilleur en Europe. Les locaux en sont clairs, salubres, bien aménagés ; l'outillage scolaire est complet, le personnel enseignant, parfaitement formé à la besogne, parle avec aisance le français et plus souvent l'anglais. On aurait d'ailleurs tort de juger d'après ces trois établissements de l'état de l'instruction publique en Égypte : ils ne s'adressent qu'à l'élite; à l'école de Nasrieh, on paie quinze livres d'écolage par an; c'est assez dire qu'elle n'est ouverte qu'aux enfants de la haute bourgeoisie. Mais c'est beaucoup déjà qu'on soit parvenu à créer ici des centres d'instruction comme ceux que j'ai visités : il suffirait de les multiplier pour préparer un avenir meilleur. L'Angleterre, qui a tant fait pour le relèvement matériel de ce pays, se trouve ici devant une tâche intellectuelle bien digne d'une grande nation.

A la vérité, les progrès de l'instruction publique ne sont pas sans menacer le grand foyer de fanatisme musulman qui est El Azhar. L'hostilité contre El Azhar est latente au fond du cœur de tous les hommes d'enseignement, malgré toute la réserve avec laquelle ils s'expriment sur ce délicat sujet, et il ne faut pas être prophète pour prévoir qu'à la longue le conflit religieux éclatera en Égypte entre le Coran et la science, entre la foi musulmane et l'esprit moderne. Ce conflit, image de celui qui divise notre Occident, sera intéressant à étudier. L'islam n'est pas de taille à se défendre comme fait le christianisme, qui emprunte à la science elle-même les armes forgées pour le combattre, et qui les manie avec succès contre ses adversaires. Lorsque le besoin de progrès intellectuel aura pris les Musulmans, que deviendra la foi de Mahomet? Elle restera pendant quelque temps l'apanage des petites gens, tandis qu'en haut règnera l'incrédulité; puis, l'esprit de prosélytisme aidant, elle se verra attaquée sur ce terrain aussi, et l'on retrouvera en Égypte le spectacle que le monde entier est à la veille de nous offrir. Une civilisation franc-maçonnique de Jeunes Turcs, de Japonais, d'Égyptiens, d'Indous genre Dhingra et de chrétiens apostats fera bloc pour monter à l'assaut du christianisme, selon la formule prophétique du psalmiste : *Astiterunt reges terrae et principes convenerunt in unum adversus Dominum et adversus Christum ejus* (1).

Psalm. II, 2.

Me voilà loin du Caire : j'y reviens pour lui faire mes adieux. Le 22, je devais assister, avec une permission spéciale, à la fête de Mouled-en-Nâbi (*Nativité du Prophète*), qui se célèbre en plein air sous des tentes et que le Khédive honore de sa présence. Mais l'après-midi il arriva ce qui, au dire des Cairotes, ne s'était pas vu dans leur ville depuis trois ans : une pluie diluvienne vint changer les rues en marécages et me surprit sans défense. J'étais trempé jusqu'aux os et je dus renoncer au Mouled-en-Nâbi.

Le lendemain 23 mars, nous prenions le train pour Alexandrie. Ce jour et le matin du 24, qui était le jeudi saint, nous visitâmes la ville, que nous trouvâmes plus banale encore que la première fois. Nos meilleurs instants furent à Sainte-Catherine, où la fête eucharistique avait amené des fidèles nombreux et recueillis. Nous saluâmes avec délices la *très-verte*, qui battait de ses flots la digue où nous nous promenions et nous mouillait parfois de son écume. Elle nous apportait comme les effluves de la patrie, de l'Europe, de la civilisation occidentale, et cela était bienfaisant après six semaines de désert et d'islam !

Le lendemain, nous nous embarquâmes à bord du *Perseo*, grand bateau de la Compagnie de navigation italienne qui a été coupé l'année précédente dans le port de Naples : on l'a renfloué et il a l'air de ne plus s'en souvenir. Au sortir du port, la *très-verte* est redevenue la *très-bleue*, mais aussi la très-maussade. Elle est tellement agitée que les passagers qui étaient sur le pont se retirent tour à tour; quelques-uns, surpris par le mal de mer, n'ont pas le temps de regagner leurs cabines et se penchent par-dessus le parapet dans des attitudes désespérées. Le soir, au dîner, sur cinquante passagers nous n'étions que neuf; le lendemain, nous restions cinq. Thalassa, décidément, se montrait pour nous pleine d'égards, et nous le lui rendions en l'admirant.

Au fur et à mesure que le temps se gâtait, elle devenait d'une beauté intense. Sa surface ressemblait à une contrée montagneuse profondément vallonnée et aux cimes couvertes de neige, mais ces vallées devenaient des montagnes et ces montagnes des vallées : c'étaient les jeux de Protée. Les vagues se formaient d'une manière pleine d'intérêt sur la magnifique moire azurée des flots : la masse aqueuse se gonflait, se soulevait, s'amincissait au sommet en une pyramide vert-pâle; aussitôt après, celle-ci se frangeait d'écume, et le vent qui la fouettait la faisait s'écrouler en poussière. Quelquefois, quand, à travers les épais nuages qui le masquaient, le soleil parvenait à voir les flots, alors un arc-en-ciel resplendissait sur cette féerie changeante, comme une vision d'éternité radieuse brillant au milieu des orages de la vie. D'autre fois, une vague haute comme une montagne accourait au devant du vaisseau avec l'allure furieuse d'un monstre marin prêt à l'engloutir : dressée contre lui, elle le souffletait de toute son écume et faisait rejaillir sur lui une tempête, puis elle s'affaissait et retombait en poussière après cette insulte impuissante. Nous dansions sur les vagues, les saluant tour à tour de la poupe et de la proue, comme les soldats novices saluent les balles : le tangage, le roulis, la trépidation ininterrompue de l'hélice, le fracas infernal qu'elle faisait quand elle sortait de l'eau et que, s'emballant, elle tournait à vide, tout cela s'unissait pour nous donner un concert nautique dont le charme de curiosité se relevait d'une légère pointe d'émotion.

Le troisième jour de navigation, qui était celui de Pâques, nous apporta la fin de la tourmente. Les passagers reparurent sur le pont l'un après l'autre, les dames se montrèrent dans leurs plus belles toilettes comme pour prendre leur revanche de la claustration forcée qu'elles avaient subie. De loin apparaissait le phare du cap Spartivento, à l'extrémité méridionale de la Calabre. La terre se rapproche, nous doublons le cap, nous longeons les côtes italiques et nous nous engageons dans le bras de mer qui, en se rétrécissant, forme le détroit de Messine.

Nous avons à droite l'Italie, à gauche la Sicile. Le pays est montagneux et riche en belles formes hardies et nerveuses, mais nu et déboisé; la verdure est rare. Des villages apparaissent, puis des villes; on les devine ruinés avant de les voir, parce qu'on n'y remarque aucun de ces signes familiers qui annoncent la vie, comme le flottement d'une bannière, un vol de pigeons ou la fumée d'un toit. Nous passons devant le spectacle douloureux de Reggio étendue le long du rivage dans une rigidité cadavérique et nous nous arrêtons dans la rade de Messine.

Messine la Morte, visitée le jour de la Résurrection! De loin, on l'eût crue vivante encore : la superbe Palazzata qui bordait le rivage semblait tenir encore debout en bonne partie : on eût dit que la mort, honteuse de son œuvre, avait voulu respecter au moins cette enfilade de monuments qui était l'orgueil de la ville. Mais en approchant, on s'apercevait qu'il ne restait que des façades fendues et ruinées, derrière lesquelles apparaissait toute l'horreur des écroulements irrémédiables. Le spectacle est bien pire quand, mettant pied à terre, on s'engage dans la ville. Il y a là des quartiers immenses qui sont littéralement réduits en poussière, des montagnes de décombres sous lesquelles gisent encore aujourd'hui des milliers de cadavres. Nous avons traversé dans toute leur longueur les deux principales artères de la ville, le Corso Victor-Emmanuel et la rue Garibaldi, et nous avons partout vu la mort!

Et cependant, — tel est l'âpre attachement de l'homme pour le sol natal — ces ruines ne sont pas inhabitées. La population qui a survécu au désastre s'est nichée partout. Quand le rez-de-chaussée d'une maison a été épargné, on y trouve une boutique, tenue par des gens qui ne craignent pas de voir le plafond descendre sur leur tête. Le gros des habitants s'est établi au dehors de la ville, dans les baraquements élevés par les Milanais ou par les Américains, qui forment à côté de la cité morte le moderne village de Messine. Nulle part on ne voit l'œuvre du gouvernement italien, tandis que l'Église, en face de la cathédrale détruite, a su ériger immédiatement un sanctuaire provisoire en bois, où les survivants s'entassent le dimanche.

Nous avons quitté Messine le cœur serré et pour ainsi dire sans paroles. Quand nous remontâmes le soir sur notre bateau, nous fûmes témoins d'un autre spectacle :

l'invasion du *Perseo* par les émigrants. Ces pauvres gens, qui sont nombreux, vont s'embarquer à Gênes pour l'Argentine, où ils espèrent trouver le pain que leur refuse la patrie. Ils portent ou parfois ils traînent leurs modestes hardes, sur lesquelles tantôt ils s'étendront pour dormir. J'en vois un qui a tout son avoir dans un sac de voyage à l'air neuf : hélas! à peine en était-il chargé que les anses lui sont restées dans la main, et le voilà obligé de porter sous le bras son incommode colis. Il y a des scènes de deuil : ici, c'est une résignation stoïque et silencieuse, là, ce sont des larmes éperdues et des têtes cachées dans les mains, ou encore une morne et sombre rêverie. D'autres sont ou affectent d'être indifférents, d'autres semblent aller vers l'avenir dans une attente joyeuse : tel ce jeune couple qui a l'air de roucouler encore les cantiques de la lune de miel et dont la franche gaîté se communique de temps en temps à leurs compagnons de voyage moins heureux. Allez en paix, pauvres gens, vers les rives étrangères où des destins nouveaux vous attendent, et bénis soient les cieux cléments qui vous rendront une patrie et un foyer!

A la tombée de la nuit, nous avons levé l'ancre et nous avons dit adieu à cette belle et triste contrée, dont les deux rives, depuis des siècles, ne s'envoyaient qu'un perpétuel sourire. Les ténèbres sont venues, et, des deux côtés du détroit, en Italie et en Sicile, les vastes groupes de constructions qui marquent l'emplacement des villes sont restés noirs. La gaieté des illuminations nocturnes ne resplendit plus ici. La pleine lune a surgi sur ce théâtre de mort à travers une triple rangée de sombres nuages allongés et tendus horizontalement sur son disque comme des draperies funèbres : striée de noir et à demi voilée, elle avait l'air de porter, elle aussi, le deuil de ce pauvre pays. Et pendant que nous nous en allions, les passagers massés sur le pont tournaient les regards du côté de la Sicile, pour voir si par dessus ses hauts rivages on ne verrait pas la flamme de l'Etna en fureur, dont l'éruption, en ce moment, vomissait ses feux et ses laves sur les villages étalés à son pied.

Le lendemain matin, en nous levant, nous avons salué les côtes féeriques du golfe de Naples, où des populations à l'air heureux nous firent oublier les scènes de deuil de la veille Le golfe de Naples est toujours le même paradis et Pompéi toujours la même merveille! Il y avait plus de trente ans que je n'avais vu cette ville morte; elle me parut moins lugubre que Messine. Je me retrouvai bientôt chez moi dans ses rues et dans ses maisons; le charme historique de ces lieux extraordinaires opère toujours avec la même puissance, et les nouvelles fouilles n'ont fait qu'augmenter leur intérêt. Mais je n'en parlerai pas : il est temps de finir ce récit.

Le 29 mars au soir, nous étions de retour à Rome. En arrivant sur la place Saint-Pierre, la première chose qui frappa nos regards, ce fut l'obélisque resplendissant d'un éclat lumineux dans les ténèbres, comme s'il voulait restituer à l'atmosphère tout le soleil qu'il a emmagasiné pendant des siècles en Égypte. Ah! ce n'est pas lui qui s'ennuie d'être déplanté, comme fait à Paris son confrère de la place de la Concorde! Il se réjouit au contraire d'occuper le centre de la plus belle place du monde, comme la vigilante sentinelle qui monte éternellement la garde devant le palais du Vatican. Concierge de « Monsieur saint Pierre », il est fier de sa destinée, et il le proclame très haut dans cette langue lapidaire qu'on ne parle bien que dans la Ville Éternelle. Nous saluâmes ce vieil ami, devenu si complètement Romain que nous ne pensâmes pas même à lui donner des nouvelles de « chez lui ». Il ne nous en demanda pas non plus, mais, grave et serein, il nous rendit notre salut avec la formule qu'il redit depuis des siècles à tout venant :

CHRISTUS VINCIT
CHRISTUS REGNAT
CHRISTUS IMPERAT !

Le voyage d'Égypte était terminé.

FIN.

APPENDICE

Pour l'orientation des lecteurs, je crois utile de rappeler que l'on admet généralement trente dynasties de rois d'Égypte depuis les origines jusqu'à Nectanébo II, dont le royaume croula sous les coups des Perses en 342 av. J.-C. La chronologie de ces dynasties est des plus obscures et n'acquiert quelque certitude qu'à partir de la XVIIIe. Comme c'est à celle-ci, ainsi qu'à la XIXe, qu'appartiennent la plupart des Pharaons dont il est parlé dans ce livre, je donnerai ici la liste de ces princes.

XVIIIe DYNASTIE

(1684-1450 av. J.-C.)

Ahmos.
Amenhotep I.
Thoutmosis I.
Thoutmosis II.

Hatshopsouit = Hatasou.
Thoutmosis III.
Amenhotep II.
Thoutmosis IV.
Amenhotep III.
Amenhotep IV.
Aï.
Toutankamon.

XIXe DYNASTIE

(1450-1300 av. J.-C.)

Haremheb.
Ramsès I.
Séti I.
Ramsès II.
Ménephtah I, le Pharaon de l'Exode.
Amenmos.
Ménephtah II.
Séti II.

Table des Matières

Du même auteur :

LES ORIGINES DE LA CIVILISATION MODERNE, 6e édition. — Bruxelles, A. Dewit, 1912. — 2 vol. in-8°.

L'ÉGLISE AUX TOURNANTS DE L'HISTOIRE, 4e édition. — Bruxelles, A. Dewit, 1910.

NOTGER DE LIÈGE ET LA CIVILISATION AU Xe SIÈCLE. — Bruxelles, A. Dewit; Liège, L. Demarteau, 1905. — 2 vol. in-8°.

LA CITÉ DE LIÈGE AU MOYEN-AGE. — Bruxelles, A. Dewit; Liège, Cormaux, Demarteau, 1910. — 3 vol. in-8°.

MANUEL D'HISTOIRE DE BELGIQUE, 3e édition. — Namur, Lambert-De Roisin, 1910.

NOTRE NOM NATIONAL. — Bruxelles, A. Dewit, 1910.

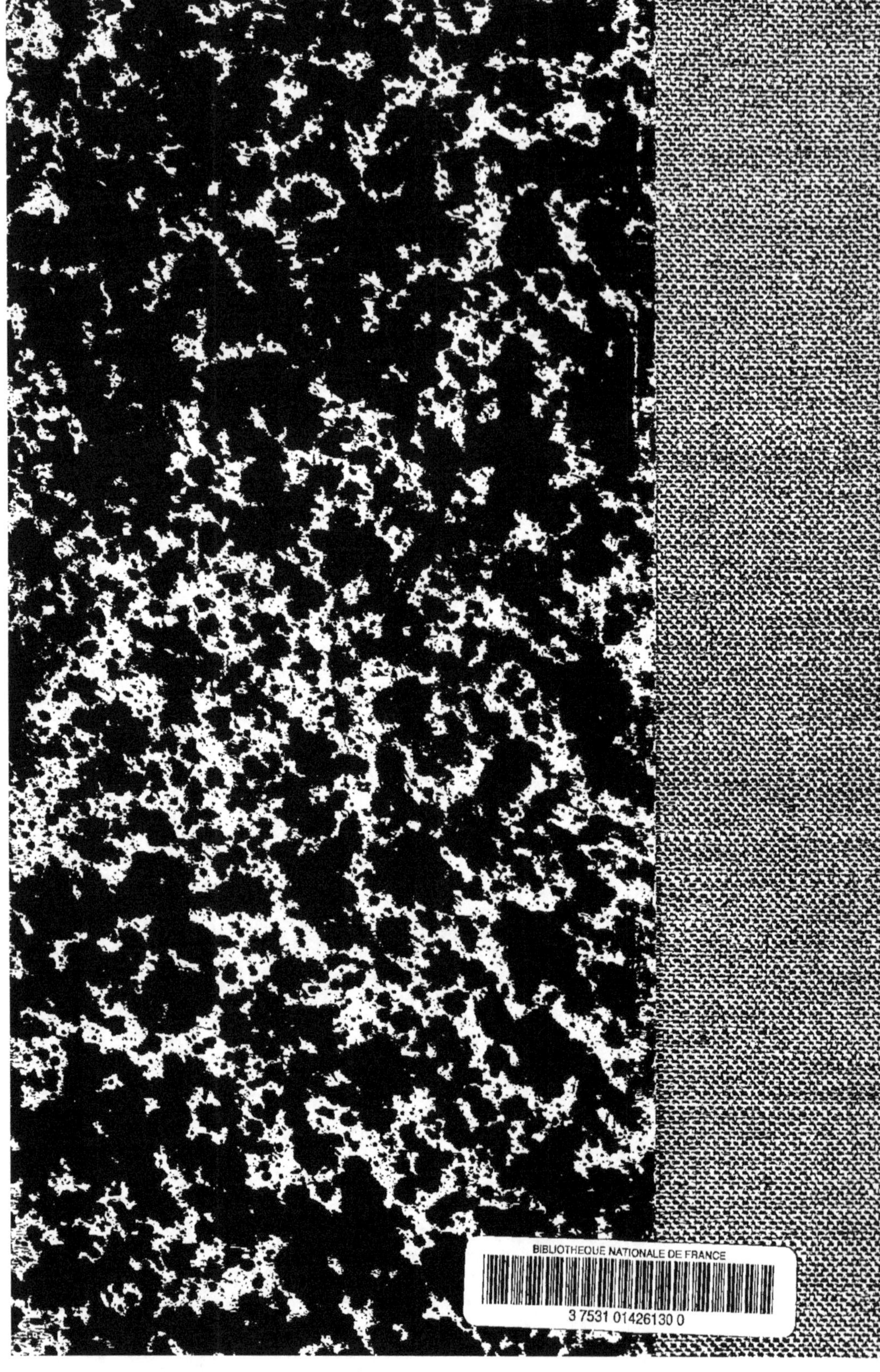

www.ingramcontent.com/pod-product-compliance
Ingram Content Group UK Ltd.
Pitfield, Milton Keynes, MK11 3LW, UK
UKHW020155250726
13967UKWH00003B/1065

9 782012 923423